U0269396

高职高专生物技术类专业系列规划教材
※ 参加编写单位 ※

（排名不分先后，以拼音为序）

安徽芜湖职业技术学院
北京农业职业学院
重庆三峡医药高等专科学校
重庆三峡职业学院
甘肃酒泉职业技术学院
甘肃林业职业技术学院
广东轻工职业技术学院
河北工业职业技术学院
河北农业大学
河南漯河职业技术学院
河南三门峡职业技术学院
河南商丘职业技术学院
河南信阳农林学院
河南许昌职业技术学院
河南职业技术学院
黑龙江民族职业学院
湖北荆楚理工学院
湖北生态工程职业技术学院
湖北生物科技职业学院
江苏农牧科技职业技术学院
江西生物科技职业技术学院
辽宁经济职业技术学院
内蒙古包头轻工职业技术学院
内蒙古呼和浩特职业学院
内蒙古农业大学
内蒙古医科大学
山东潍坊职业学院
陕西杨凌职业技术学院
四川宜宾职业技术学院
四川中医药高等专科学校
云南农业职业技术学院
云南热带作物职业学院

高职高专生物技术类专业系列规划教材

食品安全与质量管理

主　编　马长路　孙剑锋　柳　青
副主编　郭亚萍　许月明　李　岩
主　审　王　熹

重庆大学出版社

内容提要

本书介绍了食品安全定义、食品法律法规、食品标准、食品生产许可、ISO 9001 质量管理体系、HACCP 体系、ISO 22000 食品安全管理体系 7 个方面的内容，旨在培养一线食品质量安全管理技能型人才。

本书可作为高职高专食品加工技术专业、食品营养与检测专业、绿色食品生产与检验专业、农畜特产品加工专业、食品质量与安全专业、农产品质量检测专业、食品储运与营销专业等教材，还可作为高职院校及培训机构的内审员培训教材。

图书在版编目(CIP)数据

食品安全与质量管理/马长路，孙剑锋，柳青主编. —重庆：重庆大学出版社，2015. 1

高职高专生物技术类专业系列规划教材

ISBN 978-7-5624-8649-7

Ⅰ. ①食… Ⅱ. ①马…②孙…③柳… Ⅲ. ①食品安全—高等职业教育—教材②食品—质量管理—高等职业教育—教材 Ⅳ. ①TS201. 6②TS207. 7

中国版本图书馆 CIP 数据核字(2014)第 247277 号

食品安全与质量管理

马长路　孙剑锋　柳　青　主　编

策划编辑：屈腾龙

责任编辑：文　鹏　姜　凤　　版式设计：屈腾龙

责任校对：刘雯娜　　责任印制：赵　晟

*

重庆大学出版社出版发行

出版人：邓晓益

社址：重庆市沙坪坝区大学城西路 21 号

邮编：401331

电话：(023) 88617190　88617185(中小学)

传真：(023) 88617186　88617166

网址：http://www. cqup. com. cn

邮箱：fxk@ cqup. com. cn (营销中心)

全国新华书店经销

万州日报印刷厂印刷

*

开本：787×1092　1/16　印张：11. 5　字数：273 千

2015 年 1 月第 1 版　2015 年 1 月第 1 次印刷

印数：1—3 000

ISBN 978-7-5624-8649-7　定价：25. 00 元

总　序

大家都知道，人类社会已经进入了知识经济的时代。在这样一个时代中，知识和技术比以往任何时候都扮演着更加重要的角色，发挥着前所未有的作用。在产品（与服务）的研发、生产、流通、分配等任何一个环节，知识和技术都居于中心位置。

那么，在知识经济时代，生物技术前景如何呢？

有人断言，知识经济时代以如下六大类高新技术为代表和支撑，它们分别是电子信息、生物技术、新材料、新能源、海洋技术、航空航天技术。是的，生物技术正是当今六大高新技术之一，而且地位非常"显赫"。

目前，生物技术广泛地应用于医药和农业，同时在环保、食品、化工、能源等行业也有着广阔的应用前景，世界各国无不非常重视生物技术及生物产业。有人甚至认为，生物技术的发展将为人类带来"第四次产业革命"；下一个或者下一批"比尔·盖茨"们，一定会出在生物产业中。

在我国，生物技术和生物产业发展异常迅速，"十一五"期间（2006—2010 年）全国生物产业年产值从 6 000 亿元增加到 16 000 亿元，年均增速达 21.6%，增长速度几乎是我国同期 GDP 增长速度的 2 倍。到 2015 年，生物产业产值将超过 4 万亿元。

毫不夸张地讲，生物技术和生物产业正如一台强劲的发动机，引领着经济发展和社会进步。生物技术与生物产业的发展，需要大量掌握生物技术的人才。因此，生物学科已经成为我国相关院校大学生学习的重要课程，也是从事生物技术研究、产业产品开发人员应该掌握的重要知识之一。

培养优秀人才离不开优秀教师，培养优秀人才离不开优秀教材，各个院校都无比重视师资队伍和教材建设。多年的生物学科经过发展，已经形成了自身比较完善的体系。现已出版的生物系列教材品种也较为丰富，基本满足了各层次各类型的教学需求。然而，客观上也存在一些不容忽视的不足，如现有教材可选范围窄，有些教材质量参差不齐、针对性不强、缺少行业岗位必需的知识技能等，尤其是目前生物技术及其产业发展迅速，应用广泛，知识更新快，新成果、新专利急剧涌现，教材作为新知识、新技术的载体应与时俱进，及时更新，才能满足行业发展和企业用人提出的现实需求。

正是在这种时代及产业背景下，为深入贯彻落实《国家中长期教育改革和发展规划纲要（2010—2020 年）》和《教育部 农业部 国家林业局关于推动高等农林教育综合改革的若干意见》（教高〔2013〕9 号）等有关指示精神，重庆大学出版社结合高职高专的发展及专业教学基本要求，组织全国各地的几十所高职院校，联合编写了这套"高职高专生物技术类专业系列规划教材”。

从“立意”上讲，本套教材力求定位准确、涵盖广阔，编写取材精炼、深度适宜、份量适中、案例应用恰当丰富，以满足教师的科研创新、教育教学改革和专业发展的需求；注重图文并茂，深入浅出，以满足学生就业创业的能力需求；教材内容力争融入行业发展，对接工作岗位，以满足服务产业的需求。

编写一套系列教材，涉及教材种类的规划与布局、课程之间的衔接与协调、每门课程中的内容取舍、不同章节的分工与整合……其中的繁杂与辛苦，实在是“不足为外人道”。

正是这种繁杂与辛苦，凝聚着所有编者为本套教材付出的辛勤劳动、智慧、创新和创意。教材编写团队成员遍布全国各地，结构合理、实力较强，在本学科专业领域具有较深厚的学术造诣及丰富的教学和生产实践经验。

希望本套教材能体现出时代气息及产业现状，成为一套将新理念、新成果、新技术融入其中的精品教材，让教师使用时得心应手，学生使用时明理解惑，为培养生物技术的专业人才，促进生物技术产业发展做出自己的贡献。

是为序。

全国生物技术职业教育教学指导委员会委员
高职高专生物技术类专业系列规划教材总主编 王德芝

2014 年 5 月

前 言

教育部《高等职业学校专业教学标准(试行)目录》(教职成司函〔2012〕217 号)中“食品加工技术”专业、“食品营养与检测”专业、“食品贮运与营销”专业和“农畜特产品加工”专业,将《食品安全与质量管理》确立为职业技术必修课程(即专业核心课程)旨在培养学生食品安全与质量管理职业核心能力。

本书架构设计采用案例导入、知识介绍、实训项目、本章小结和复习思考题组成,其中知识实训项目的设计思路具有启发性,即选用本教材教师均可依照“实训项目”设计理念,开发出具有各自“区域特色”的实训项目。

本书内容设计包含食品质量安全定义、食品法律法规、食品标准、食品生产许可、质量管理体系(ISO 9001)、危害分析与关键控制点体系(HACCP)、食品安全管理体系(ISO 2200)7 个方面,完全符合目前食品企业食品安全与质量管理的内容。

本书可作为高职高专食品加工技术专业、食品营养与检测专业、绿色食品生产与检验专业、农畜特产品加工专业、食品质量与安全专业、农产品质量检测专业、食品贮运与营销专业等的教材。同时也可作为食品企业食品质量经理、食品品控员、食品检验人员的学习教材。值得一提的是,本书还可作为高职院校及培训机构的内审员培训教材。

本书编写团队由 4 个部分组成:职业院校食品质量安全教学一线教师、食品企业质量安全管理一线经理、食品质量安全认证一线国家注册审核员和食品质量安全认证咨询一线国家注册咨询师。本书由北京农业职业学院马长路(国家注册审核员)、河北农业大学孙剑锋博士和北京农业职业学院柳青博士担任主编;郭亚萍(北京稻香村食品有限公司)、许月明(芜湖职业技术学院,国家示范性高等职业院校)、李岩(北京食安管理顾问有限公司)担任副主编;参与编写的人员有孟泉科、兰小艳、张书猛和王莹;本书由劳氏质量认证(上海)有限公司王熹担任主审。

本书具体编写分工如下:马长路编写第 1 章 1.1;孙剑锋编写第 1 章 1.2;李岩编写第 1 章 1.3;孟泉科(三门峡职业技术学院)编写第 2 章;兰小艳(宜宾职业技术学院)编写第 3 章;柳青和郭亚萍编写第 4 章;许月明编写第 5 章;张书猛(宜宾职业技术学院)编写第 6 章;王莹(北京新世纪检验认证有限公司)编写第 7 章。马长路负责全书统稿。劳氏质量认证(上海)有限公司王熹对教材内容进行了审定和指导。

本书在编写过程中得到了北京京点途捷技术服务有限公司、北京新世纪检验认证有限公司、劳氏质量认证(上海)有限公司、北京食安管理顾问有限公司、北京农业职业学院、河北农业大学、芜湖职业技术学院、三门峡职业技术学院、宜宾职业技术学院和北京稻香村食品有限公司的大力支持,在此表示衷心的感谢! 编写过程中,引用和参考了众多专家、学者的著作,限于篇幅不能一一列出,在此一并表示谢意。

鉴于编者的水平有限,难免有错漏之处,敬请广大读者批评指正。

编　者

2014 年 8 月

目 录 CONTENTS

项目4　食品生产许可

项目5　ISO 9001 质量管理体系

项目6　危害分析与关键控制点（HACCP）体系

项目1 绪论

【学习目标】

- 掌握质量概念。
- 掌握食品质量概念。
- 掌握食品安全概念。
- 掌握食品质量安全管理技能在未来就业中的价值。

【技能目标】

- 能够在实际工作中运用食品质量安全和认证进行品控、质量管理和食品安全工作。

【知识点】>>>

质量、食品质量、食品安全。

案例导入

重庆市某职业学院食品专业毕业生小马毕业后被分配到一家新成立的啤酒公司,岗位为品控部专员,岗位职责:一是保证啤酒色泽等质量指标;二是啤酒不能出现食品安全事件;三是企业啤酒的食品生产许可证(QS)申办;四是企业 ISO 22000 食品安全管理体系、ISO 9001 质量管理体系认证的申办。

思考:若小马的岗位有可能是你初入职场的遭遇,请问你必须要学习哪些知识?

1.1 食品安全

1.1.1 食品

食品是指各种供人食用或者饮用的成品和原料以及按照传统既是食品又是药品的物品,但是不包括以治疗为目的的物品[摘自《中华人民共和国食品安全法》(中华人民共和国主席令第九号)第九十九条]。

1.1.2 食品安全

食品安全是指食品无毒、无害,符合应当有的营养要求,对人体健康不造成任何急性、亚急性或者慢性危害[摘自《中华人民共和国食品安全法》(中华人民共和国主席令第九号)第九十九条]。

1.2 食品质量

1.2.1 质量

质量是一组固有特性满足要求的程度(摘自 GB/T 19000—2008 中有关质量术语 3.1.1)。

1.2.2 特性

定义:可区分的特征(摘自 GB/T 19000—2008 中有关质量术语 3.5.1)。特性分为固有特性和赋予特性,如啤酒的酒精度就是固有特性,啤酒的价格就是赋予特性。

1.2.3 要求

定义:明示的、通常隐含的或必须履行的要求和期望(摘自 GB/T 19000—2008 中有关质量术语 3.1.2)。

顾客对产品的要求随着顾客年龄等不同而不同,必须锁定目标顾客。同时一个顾客不同时间对同一产品的要求也不同。

1.3 食品安全与质量管理的意义

食品安全与质量管理是企业的第一要务。只有企业食品质量安全不出问题,企业才有可能生存盈利,否则企业只有一条关门之路。

·项目小结·

本项目介绍了质量、食品质量、食品安全基本概念,介绍了食品安全与质量管理在食品企业中的价值。

思考题

1. 一个食品企业如何才能保证食品安全?
2. 食品质量和食品安全有何异同?

项目2

食品法律法规

【学习目标】

- 熟悉目前我国食品安全监管体系包括机构设置、明确责任。
- 掌握《中华人民共和国食品安全法》的主要内容。
- 了解我国食品法律法规体系。

【技能目标】

- 能够对食品生产企业进行相关法律法规培训。
- 能够对食品违法案例进行分析。
- 能够帮助企业制定法律法规清单。

【知识点】>>>

《国家食品药品监督管理总局主要职责内设机构和人员编制规定》《中华人民共和国食品安全法》(主席令第9号)、《乳品质量安全监督管理条例》(中华人民共和国国务院令第536号)、《食品流通许可证管理办法》(工商总局令第44号)、学习《国务院办公厅关于印发2013年食品安全重点工作安排的通知》(国办发〔2013〕25号)。

案例导入

某酸奶生产企业让刚入职的高职学生负责企业的法律法规档案的日常管理工作,请你帮助他分类并完善法律法规清单。

2.1 中国食品安全监管体系

2.1.1 食品安全管理系统工程

食品安全问题直接关系到公众身体健康和生命安全,在一定程度上甚至直接影响到社会稳定。食品安全监督制度是预防、解决、处理食品安全事件的重要手段之一。

通常把极其复杂的研究对象称为系统,即由相互作用和相互依赖的若干组成部分结合成具有特定功能的有机整体,而且这个系统本身又是它所从属的一个更大的系统的组成部分。系统工程则是组织管理这种系统的规划、研究、设计、制造、试验和使用的科学方法。系统工程的目的是解决总体优化问题。

食品安全管理系统工程可分为食品安全监管体系、食品安全支持体系和食品安全过程控制体系3种。

①食品安全监管体系包括机构设置、明确责任等。其内容在本章讲解。

②食品安全支持体系包括食品安全法律法规体系、安全标准体系、认证体系、检验检测体系、信息交流和服务体系、科技支持体系及突发事件应急反应机制等。其内容在第5章、第6章和第7章讲解。

③食品安全过程控制体系包括农业良好生产规范GAP、加工良好生产规范GMP、关键点控制HACCP等。

2.1.2 我国食品安全监管体系

建立食品安全监管体系的目的是杜绝结构性错误,减少偶然性错误。我国的食品安全监管经历了一个由单部门到多部门再到单部门主导负责的发展历程。

1)初级监管阶段(1982—2004年)

这个时期的食品监管由卫生行政部门承担,监管的方向以食品卫生为主。

1982年颁布的《中华人民共和国食品卫生法(试行)》明确规定各级卫生行政部门负责食品卫生监督工作,卫生行政部门所属县级以上卫生防疫站为食品卫生监督机构,执行国家食品卫生监督的职责。1995 年正式颁布实施的食品卫生法,将食品卫生监督职责调整至县级以上卫生行政部门,并赋予卫生行政部门 8 项食品卫生监督职责,食品生产企业只要取得卫生许可证和工商营业执照就可以开工生产。2002 年我国开始推行食品质量安全市场准入制度。依照产品质量法,食品企业除了要取得卫生许可证和工商营业执照,还必须获得质量技术监督部门颁发的生产许可证才可以开工。2003 年国务院宣布,在原国家药品监督管理局的基础上,组建食品药品监督管理局,负责食品安全综合监督、组织协调和重大事故查处工作。

2)多头分段监管阶段(2004—2008 年)

2004 年开始,我国实行多头分管,即多部门按生产环节分段监管为主、品种监管为辅的模式。2004 年国务院发布了《国务院关于进一步加强食品安全监管工作的决定》,按照一个生产环节由一个部门监管的分工原则进行分段监管,试图理顺食品安全监管部门的职能,明确政府各部门的责任。该模式将食品安全监管分为 4 个环节,分别由农业、质检、工商、卫生 4 个部门实施。其中,农业部门负责初级农产品生产环节监管,质检部门负责食品生产加工环节监管,工商部门负责食品流通环节监管,卫生部门负责餐饮业和食堂等消费环节监管,食品药品监管部门依然负责食品安全综合监督、组织协调和重大事故查处工作。

2007 年 8 月,国务院成立"产品质量和食品安全领导小组",研究提出加强产品质量和食品安全工作的政策建议,督查落实领导小组议定事项,开展调查研究,分析舆情,对外发布信息。

3)综合协调监管阶段(2008—2009 年)

2008 年 3 月十一届全国人大一次会议启动了新一轮的国务院机构改革。2008 年 3 月 21 日,国务院议事协调机构进行了调整,撤销了国务院产品质量和食品安全领导小组,其工作分别由国家质量监督检验检疫总局和卫生部承担。国务院要求,各部门要密切协同,形成合力,共同做好食品安全监管工作。卫生部牵头建立食品安全综合协调机制,负责食品安全综合监督。卫生部承担食品安全综合协调、组织查处食品安全重大事故的责任;农业部负责农产品生产环节的监管;国家质量监督检验检疫总局负责食品生产加工环节和进出口食品安全的监管;国家工商行政管理总局负责食品流通环节的监管;国家食品药品监督管理局负责餐饮业、食堂等消费环节食品安全的监管。

4)国务院食品安全委员会领导下的综合协调监管阶段(2009—2013 年)

2009 年 6 月 1 日《食品安全法》的施行,进一步明确各部门的监管职责,确立了一个以食品安全风险监管为基础的科学监管体制,进一步完善了食品安全体制,标志着新的综合协调监管阶段的开始,即在国务院食品安全委员会领导下卫生行政部门承担综合协调监管工作的阶段。

国务院食品安全委员会的主要职责:

①分析食品安全形势,研究部署、统筹指导食品安全工作。

②提出食品安全监管的重大政策措施。

③督促落实食品安全监管责任。

在国务院食品安全委员会领导下,在国家层面上,我国实行国务院食品安全委员会领导下卫生行政部门承担综合协调监管工作的体制。国务院卫生行政部门承担 6 大任务:

①食品安全综合协调职责。

②负责食品安全风险评估。

③食品安全标准制定。

④食品安全信息公布。

⑤食品检验机构的资质认定条件和检验规范的制定。

⑥组织查处食品安全重大事故。国务院农业、质量监督、工商行政管理和国家食品药品监督管理部门依照食品安全法和国务院规定的职责，分别对食用农产品生产、食品加工生产、食品流通、餐饮服务活动实施监督管理。

在地方层面上，县级以上地方人民政府统一负责、领导、组织、协调本行政区域的食品安全监督管理工作。县级以上地方人民政府依照食品安全法和国务院的规定确定本级卫生行政、农业行政、质量监督、工商行政管理、食品药品监督管理部门的食品安全监督管理职责。县级以上卫生行政、农业行政、质量监督、工商行政管理、食品药品监督管理部门应当加强沟通、密切配合，按照各自职责分工，依法行使职权，承担责任。考虑到工商、质检、食品药品监督管理采用的是中央到地方垂直管理的模式，食品安全法还特别强调了地方人民政府的领导组织作用，要求上级人民政府所属部门在下级行政区域设置的机构应当在所在地人民政府的统一组织、协调下，依法做好食品安全监督管理工作。

这种多头管理体制的弊端主要表现为分工过细，职能重叠，各部门缺乏统一协调和统筹规划，使很大一部分力量在相互依赖推诿中消耗掉，很难实现真正意义上的无缝衔接。

5）国家食品药品监督管理总局全面负责的一体化监管体制（2013 至今）

2013 年的全国两会上批准了《国务院机构改革和职能转变方案》，成立了国家食品药品监督管理总局（以下简称“食药监总局”），全面负责食品安全监管。现在食品安全监管形成了由管源头的农业部门、管生产流通和终端的食药部门、负责风险评估与标准制定的卫生部门三家组成的新架构，趋向于一体化的监管体制。

在与食品安全相关的领域，改革最重要的方面是将国务院食品安全委员会办公室的职责、国家食品药品监督管理局（以下简称“食药监局”）的职责、国家质量监督检验检疫总局（以下简称“质检总局”）的生产环节食品安全监督管理的职责、国家工商行政管理总局（以下简称“工商总局”）的流通环节食品安全监督管理的职责整合，组建国家食品药品监督管理总局（以下简称“食药监总局”），其主要职责是对生产流通消费环节的食品安全和药品的安全性有效性实施统一监督管理等。

将工商行政管理、质量技术监督部门相应的食品安全监督管理队伍和检验检测机构划转到食品药品监管部门。保留国务院食品安全委员会，具体工作由食药监总局承担。国务院食品安全委员会办公室设于食药监总局。

与食品安全相关的其他改革还包括将卫生部和计划生育委员会合并，新组建国家卫生和计划生育委员会（以下称“卫计委”），负责食品安全风险评估和食品安全标准制定，并将原属卫生部的食品安全检验机构资质认定条件和制定检验规范的职责划入食药监总局；农业部负责农产品质量安全监督管理；将商务部的生猪定点屠宰监督管理职责划入农业部；不再保留国家食品药品监督管理局和单设的国务院食品安全委员会办公室等。经过改革，我国的食品安全监管最终形成了农业部门管食品源头，食药监管部门管生产流通和消费，卫生部门负责风险评估与标准制定的新架构。

《国家食品药品监督管理总局主要职责内设机构和人员编制规定》针对生产流通和餐饮环节的食品安全监管职能，分设3个食品安全监管司。其中，原归属质监管辖的生产环节独立成“食品安全一司”，原工商管辖的流通环节药监管辖的餐饮以及农产品的流通环节，整合成“食品安全二司”，两司分别负责掌握分析生产环节和流通环节的食品安全形势，履行监督管理职责；食品领域的监测，信息形势研判等综合职能独立成“食品安全三司”，负责分析预测食品安全总体情况，参与制订食品安全风险监测计划等。

食药监总局还将与公安部建立行政执法和刑事司法工作衔接机制。

此外，“三定”方案还要求整合国家质检总局原国家食药监局所属的食品安全检验检测机构，形成统一的食品安全检验检测技术支撑体系。

国家食品药品监督管理总局主要职责如下：

①负责起草食品（含食品添加剂、保健食品，下同）安全、药品（含中药、民族药，下同）、医疗器械、化妆品监督管理的法律法规草案，拟订政策规划，制定部门规章，推动建立落实食品安全企业主体责任、地方人民政府负总责的机制，建立食品药品重大信息直报制度，并组织实施和监督检查，着力防范区域性、系统性食品药品安全风险。

②负责制定食品行政许可的实施办法并监督实施。建立食品安全隐患排查治理机制，制订全国食品安全检查年度计划、重大整顿治理方案并组织落实。负责建立食品安全信息统一公布制度，公布重大食品安全信息。参与制订食品安全风险监测计划、食品安全标准，根据食品安全风险监测计划开展食品安全风险监测工作。

③负责组织制定、公布国家药典等药品和医疗器械标准、分类管理制度并监督实施。负责制定药品和医疗器械研制、生产、经营、使用质量管理规范并监督实施。负责药品、医疗器械注册并监督检查。建立药品不良反应、医疗器械不良事件监测体系，并开展监测和处置工作。拟订并完善执业药师资格准入制度，指导监督执业药师注册工作。参与制定国家基本药物目录，配合实施国家基本药物制度。制订化妆品监督管理办法并监督实施。

④负责制定食品、药品、医疗器械、化妆品监督管理的稽查制度并组织实施，组织查处重大违法行为。建立问题产品召回和处置制度并监督实施。

⑤负责食品药品安全事故应急体系建设，组织和指导食品药品安全事故应急处置和调查处理工作，监督事故查处落实情况。

⑥负责制定食品药品安全科技发展规划并组织实施，推动食品药品检验检测体系、电子监管追溯体系和信息化建设。

⑦负责开展食品药品安全宣传、教育培训、国际交流与合作。推进诚信体系建设。

⑧指导地方食品药品监督管理工作，规范行政执法行为，完善行政执法与刑事司法衔接机制。

⑨承担国务院食品安全委员会日常工作。负责食品安全监督管理综合协调，推动健全协调联动机制。督促检查省级人民政府履行食品安全监督管理职责并负责考核评价。

⑩承办国务院以及国务院食品安全委员会交办的其他事项。

2.2 中国食品法律法规体系

2.2.1 法律法规

法律法规,指中华人民共和国现行有效的法律、行政法规、司法解释、地方法规、地方规章、部门规章及其他规范性文件以及对于该等法律法规的不时修改和补充。其中,法律有广义、狭义两种理解。广义上讲,法律泛指一切规范性文件;狭义上讲,仅指全国人大及其常委会制定的规范性文件。在与法规等一起谈时,法律是指狭义上的法律。法规则主要指行政法规、地方性法规、民族自治法规及经济特区法规等。

我国的法律体系中大体包括以下几种法律法规:宪法,法律,法律解释,行政法规,地方性法规、自治条例和单行条例,规章,国际条约等。

1)宪法

宪法是由全国人民代表大会按特殊程序制定和修改的具有最高效力的国家根本大法。它规定了我国的国家制度和社会制度的基本原则、公民的基本权利和义务、国家机关的组成及其活动的基本原则等,它的主要功能是制约和平衡国家权力,保障公民权利。宪法是我国的根本大法,在我国法律体系中具有最高的法律地位和法律效力,是我国最高的法律渊源,是其他一切法律、法规制定的依据。宪法主要由两个方面的基本规范组成:一是《中华人民共和国宪法》。二是其他附属的宪法性文件,主要包括:选举法、民族区域自治法、特别行政区基本法、国籍法、国旗法及其他宪法性法律文件。

2)法律

我国最高权力机关全国人民代表大会和全国人民代表大会常务委员会行使国家立法权,立法通过后,由国家主席签署主席令予以公布。因而,法律效力仅次于宪法。如刑法、民法、诉讼法、商标法和文物保护法等。

3)法律解释

法律解释是对法律中某些条文或文字的解释或限定。这些解释将涉及法律的适用问题。法律解释权属于全国人民代表大会常务委员会,其作出的法律解释同法律具有同等效力。

还有一种司法解释,即由最高人民法院或最高人民检察院作出的解释,用于指导各基层法院的司法工作。

4)行政法规

行政法规是由国务院制定的,通过后由国务院总理签署国务院令公布。这些法规也具有全国通用性,是对法律的补充,在完善的情况下会被补充进法律,其地位仅次于宪法和法律。

法规通常被称为条例,也可以是全国性法律的实施细则,如治安处罚条例、专利代理条例等。

5)地方性法规、自治条例和单行条例

其制定者是各省、自治区、直辖市的人民代表大会及其常务委员会,相当于是各地方的最高权力机构。

地方性法规大部分称为条例，有的为法律在地方的实施细则，部分为具有法规属性的文件，如决议、决定等。地方法规的开头多贯有地方名字，如北京市食品安全条例、北京市实施《中华人民共和国动物防疫法》办法等。

6）规章

规章其制定者是国务院各部、委员会、中国人民银行、审计署和具有行政管理职能的直属机构，这些规章仅在本部门的权限范围内有效。如国家专利局制定的《专利审查指南》、国家食品药品监督管理局制定的《药品注册管理办法》等。

还有一些规章是由各省、自治区、直辖市和较大的市的人民政府制定的，仅在本行政区域内有效。如《北京市人民政府关于修改〈北京市天安门地区管理规定〉的决定》《北京市实施〈中华人民共和国耕地占用税暂行条例〉办法》等。

7）国际条约

国际条约是指我国与外国缔结、参加、签订、加入、承认的双边、多边的条约、协定和其他具有条约性质的文件（除条约外还有公约、协议、协定、议定书、宪章、盟约、换文和联合宣言等）。这些文件的内容除我国在缔结时宣布持保留意见不受其约束的以外，都与国内法具有一样的约束力，所以也是我国法的渊源。

2.2.2 我国食品法律法规体系

食品法律法规是指由国家制定或认可，以加强食品监督管理，保证食品卫生，防止食品污染和有害因素对人体的危害，保障人民身体健康，增强人民体质为目的，通过国家强制力保证实施的法律规范的总和。如《食品安全法》、《标准化法》、《产品质量法》和各类食品生产加工技术规范等。食品安全法律法规是食品生产经营者从事食品生产经营活动必须遵守的行为准则，也是行政执法部门实施食品安全监督管理的法律依据，建立健全食品安全法律法规体系是实现食品安全法制化管理的前提和基础。

食品法律法规体系是指以法律或政令形式颁布的，对全社会有约束力的权威性规定。它即包括法律规范，也包括以技术规范为基础所形成的各种法规。

按食品安全法律、法规和规范效力层级的高低，食品安全法律法规体系可由食品安全法律、法规、行政规章和其他规范性文件组成。

1）食品法律

食品法律由全国人民代表大会和全国人民代表大会常务委员会依据特定的立法程序指定的有关食品的规范性法律文件。

2009 年 6 月 1 日起施行的《中华人民共和国食品安全法》是我国食品法律体系中法律效力层级最高的规范性文件，是制定从属性食品安全卫生法规、规章及其他规范性文件的依据。现已颁布实施的与食品相关的法律有《中华人民共和国产品质量法》《中华人民共和国标准化法》《中华人民共和国农业法》《中华人民共和国进出口商品检验法》《中华人民共和国进出境动植物检疫法》《中华人民共和国广告法》《中华人民共和国消费者权益保护法》《中华人民共和国反不正当竞争法》《中华人民共和国商标法》《中华人民共和国农产品质量安全法》等。

2）食品行政法规

行政法规分国务院制定行政法规和地方性行政法规两类。其法律效力仅次于法律。

食品行业管理行政法规是指国务院的部委依法制定的规范性文件,行政法规的名称为条例、规定和办法。对某一方面的行政工作作出比较全面、系统的规定,称为“条例”;对某一方面的行政工作作出部分的规定,称为“规定”;对某一项行政工作作出比较具体的规定,称为“办法”。如《食盐加碘消除碘缺乏危害管理条例》《餐饮业食品卫生管理办法》《食品添加剂卫生管理办法》《保健食品注册管理办法》等。

地方性食品行政法规是指省、自治区、直辖市人民代表大会及其常务委员会依法制定的规范性文件,这种法规只在本辖区内有效,且不得与宪法、法律和行政法规等相抵触,并报全国人民代表大会常务委员会备案,才可生效。如《河北省食品安全监督管理规定》。

3)食品部门规章

食品部门规章包括国务院各行政部门制定的部门规章和地方人民政府制定的规章。如《食品添加剂卫生管理办法》《新资源食品卫生管理办法》《有机食品认证管理办法》《转基因食品卫生管理办法》等。

4)其他规范性文件

规范性文件不属于法律、行政法规和部门规章,也不属于标准等技术规范,这类规范性文件如国务院或个别行政部门所发布的各种通知、地方政府相关行政部门制定的食品卫生许可证发放管理办法以及食品生产者采购食品及其原料的索证管理办法。这类规范性文件也是不可缺少的,同样是食品法律体系的重要组成部分。如《国务院关于进一步加强食品安全工作的决定》《食品生产企业危害分析与关键控制点(HACCP)管理体系认证管理规定》等。

5)食品标准

标准是生产和生活中,重复性发生的一些事件的此技术规范。食品标准是指食品工业领域各类标准的总和,包括食品产品标准、食品卫生标准、食品分析方法标准、食品管理标准、食品添加剂标准、食品术语标准等。

6)国际条约

国际条约是指我国与外国缔结的或者我国加入并生效的国际法规范性文件。它可由国务院按职权范围同外国缔结相应的条约和协定。这种与食品有关的国际条约虽然不属于我国国内法的范畴,但其一旦生效,除我国声明保留的条款外,也与我国国内法一样对我国国家机关和公民具有约束力。

2.3 《中华人民共和国食品安全法》

《中华人民共和国食品安全法》(主席令第9号)由中华人民共和国第十一届全国人民代表大会常务委员会第七次会议于2009年2月28日通过,自2009年6月1日起施行。同时废止《食品卫生法》。《食品安全法实施条例》于同年7月颁布实施。

2.3.1 《食品安全法》立法的意义

“民以食为天,食以安为先”。从食品卫生法到食品安全法,由卫生到安全,表明了从观念到监管模式的提升。食品卫生,主要是关注食品外部环境、食物表面现象;而食品安全涉及无毒无害,侧重于食品的内在品质,触及到人体健康和生命安全的层次。

《食品安全法》的施行,对于防止、控制、减少和消除食品污染以及食品中有害因素对人体的危害,预防和控制食源性疾病的发生,对规范食品生产经营活动,防范食品安全事故发生,保证食品安全,保障公众身体健康和生命安全,增强食品安全监管工作的规范性、科学性和有效性,提高我国食品安全整体水平,切实维护人民群众的根本利益,具有重大而深远的意义。

1)保障食品安全,保证公众身体健康和生命安全

通过实施《食品安全法》,建立以食品安全标准为基础的科学管理制度,理顺食品安全监管体制,明确各监管部门的职责,确立食品生产经营者是保证食品安全第一责任人的法定义务,可以从法律制度上更好地解决我国当前食品安全工作中存在的主要问题,防止、控制和消除食品污染以及食品中有害因素对人体健康的危害,预防和控制食源性疾病的发生,从而切实保障食品安全,保证公众身体健康和生命安全。

2)促进我国食品工业和食品贸易发展

通过实施食品安全法,可以更加严格地规范食品生产经营行为,促使食品生产者依据法律、法规和食品安全标准从事生产经营活动,在食品生产经营活动中重质量、重服务、重信誉、重自律,对社会和公众负责,以良好的质量、可靠的信誉推动食品产业规模不断扩大,市场不断发展,从而极大地促进我国食品行业的发展。同时通过制定《食品安全法》,可以树立我国重视和保障食品安全的良好国际形象,有利于推动我国对外食品贸易的发展。

3)加强社会领域立法,完善我国食品安全法律制度

实施食品安全法在法律框架内解决食品安全问题,着眼于以人为本、关注民生,保障权利、切实解决人民群众最关心、最直接、最现实的利益问题,促进社会的和谐稳定,是贯彻科学发展观的要求,维护广大人民群众根本利益的需要。同时,在现行的食品卫生法的基础上制定内容更加全面的食品安全法,与农产品质量安全法、农业法、动物防疫法、产品质量法、进出口商品检验法、农药管理条例、兽药管理条例等法律、法规相配套,有利于进一步完善我国的食品安全法律制度,为我国社会主义市场经济的健康发展提供法律保障。

2.3.2 《食品安全法》的内容体系

《中华人民共和国食品安全法》共分10章104条,主要包括总则、食品安全风险监测和评估、食品安全标准、食品生产经营、食品检验、食品进出口、食品安全事故处理、监管管理、法律责任、附则。

第1章,总则。包括第1条至第10条,对从事食品生产经营活动者,各级政府、相关部门及社会团体在食品安全监督管理、舆论监督、食品安全标准和知识的普及、增强消费者食品安全意识和自我保护能力等方面的责任和职权作了相应规定。

第2章,食品安全风险监测和评估。包括第11条至第17条,对食品安全风险监测制度、食品安全风险评估制度、食品安全风险评估结果的建立、依据、程序等进行规定。

第3章,食品安全标准。包括第18条至第26条,对食品安全标准的制定程序、主要内容、执行及将标准整合为食品安全国家标准进行相应的规定。

第4章,食品生产经营。包括第27条至第56条,对食品生产经营符合食品安全标准、禁止生产经营的食品;对从事食品生产、食品流通、餐饮服务等食品生产经营实行许可制度;食品生产经营企业应当建立健全本单位的食品安全管理制度,依法从事食品生产经营活动;对食品添加剂使用的品种、范围、用量的规定;建立食品召回制度等内容进行相应的规定。

第5章,食品检验。包括第57条至第61条,对食品检验机构的资质认定条件、检验规范、检验程序及检验监督等内容进行相应的规定。

第6章,食品进出口。包括第62至第69条,对进口的食品、食品添加剂以及食品相关产品应当符合我国食品安全国家标准,进出口食品的检验检疫的原则、风险预警及控制措施等进行相应的规定。

第7章,食品安全事故处置。包括第70条至第75条,国家食品安全事故应急预案、食品安全事故处置方案、食品安全事故的举报和处置、安全事故责任调查处理等方面进行相应的规定。

第8章,监督管理。包括第76条至第83条,对各级政府及本级相关部门的食品安全监督管理职责、工作权限和程序等进行相应的规定。

第9章,法律责任。包括第84条至第98条,对违反《食品安全法》规定的食品生产经营活动,食品检验机构及食品检验人员、食品安全监督管理部门及食品行业协会等进行相应处罚原则、程序和量刑方面进行了相应的规定。

第10章,附则。包括第99条至第104条,对《食品安全法》相关术语和实施时间进行规定,同时废止《中华人民共和国食品卫生法》。

2.4 《乳品质量安全监督管理条例》

《乳品质量安全监督管理条例》(中华人民共和国国务院令第536号)于2008年10月6日国务院第28次常务会议通过,10月9日,温家宝总理签署国务院第536号令,公布《乳品质量安全监督管理条例》(以下简称《条例》),自公布之日起施行。

2.4.1 立法的意义

三鹿牌婴幼儿奶粉事件给婴幼儿的生命健康造成很大危害,给我国乳制品行业带来了严重影响。这一事件的发生,暴露出我国乳制品行业还存在一些比较突出的问题,如生产流通秩序混乱,一些企业诚信缺失,市场监管存在缺位,有关部门配合不够等。为了解决上述问题,进一步完善乳品质量安全管理制度,有必要制定《乳品质量安全监督管理条例》,为确保乳品质量安全提供有效的法律制度保障。

2.4.2 《乳品质量安全监督管理条例》内容体系

《乳品质量安全监督管理条例》共分8章64条。主要包括总则、奶畜养殖、生鲜乳收购、乳制品生产、乳制品销售、监督检查、法律责任和附则。

第1章,总则。包括第1条至第9条,对乳品的定义,生鲜乳和乳制品应当符合乳品质量安全国家标准,乳制品中添加物,从事乳品生产经营活动者,各级政府、相关部门及社会团体在乳品质量安全、安全监督管理、奶业发展规划等方面的责任和职权作了相应规定。

第2章，奶畜养殖。包括第10条至第18条，对资金和技术扶持，设立奶畜养殖场、养殖小区应当具备下列条件，养殖场的管理，养殖者的健康和生鲜乳冷藏等进行了规定。

第3章，生鲜乳收购。包括第19条至第27条，对相关政府部门在生鲜乳收购站布局、安全监测和价格监控，收购站需具备的条件、收购和贮存要求，生鲜乳质量要求作出了相应的规定。

第4章，乳制品生产。包括第28条至第36条，对乳制品生产企业应该具备的条件，应该建立的规章制度，日常的管理，生产所使用的生鲜乳、辅料、添加剂，乳制品的包装，出厂乳制品作出了相应的规定。

第5章，乳制品销售。包括第37条至第45条，对进出口乳制品的质量标准，销售者的责任作出了相应的规定。

第6章，监督检查。包括第46条至第53条，明确了政府各部门的监督检查职责和行使的职权，对乳品质量安全重大事故信息的发布和乳品生产经营中的违法行为作出了相应的规定。

第7章，法律责任。包括第54条至第62条，对违反条例规定的生鲜乳收购者、乳制品生产企业、销售者和乳品安全监督管理部门的法律责任和量刑方面进行了相应的规定。

第8章，附则。包括第63条至第64条，对草原牧区放牧饲养的奶畜所产的生鲜乳收购办法作出规定，并确定本条例的执行时间。

本《条例》与2007年7月26日国务院公布的《关于加强食品等产品安全监督管理的特别规定》(以下简称《特别规定》)相比，具有以下七个方面的特点：

①明晰监管职责。《条例》中有19处提及工商部门的监管职责，明确了“县级以上工商行政管理部门负责乳制品销售环节的监督管理”，而乳制品流通领域中的餐饮服务环节则由县级以上食品药品监督部门负责监管。

②调整工商登记。《条例》第20条规定，生鲜乳收购站应当由取得工商登记的乳制品生产企业、奶畜养殖场、奶农专业生产合作社开办，而收购站本身不再办理工商登记。禁止其他单位或个人开办生鲜乳收购站。禁止其他单位或个人收购生鲜乳。

③加强合同监管。《条例》第23条第二款规定，生鲜乳购销双方应当签订书面合同。生鲜乳购销合同示范文本由国务院畜牧兽医主管部门会同国务院工商行政管理部门制定并公布。

④强化源头监管。《特别规定》要求食品“销售者应当向供货商按照产品生产批次索要符合法定条件的检验机构出具的检验报告或者由供货商签字或者盖章的检验报告复印件；不能提供检验报告或者检验报告复印件的产品，不得销售。”《条例》中少了这一强制性规定，而是加强了对生产源头的监管，要求乳制品生产企业应当对出厂的乳制品逐批检验，并保存检验报告，检验报告一般应保存两年。

⑤增加追回义务。《条例》第42条规定，对不符合乳品质量安全国家标准、存在危害人体健康和生命安全或者可能危害婴幼儿身体健康和生长发育的乳制品，销售者应当立即停止销售，追回已经售出的乳制品，并记录追回情况。乳制品销售者自行发现其销售的乳制品有前款规定情况的，还应当立即报告所在地工商等有关部门，通知乳制品生产企业。

⑥实施信用监管。《条例》第50条规定，工商等部门应当建立乳品生产经营者违法行为记录，及时提供给中国人民银行，由中国人民银行纳入企业信用信息基础数据库。

⑦加大处罚力度。《条例》第55条规定，销售不符合乳品质量安全国家标准的乳品，构成犯罪的，依法追究刑事责任，并由发证机关吊销许可证照；尚不构成犯罪的，由工商部门没收违法所得、违法乳品和相关的工具、设备等物品，并处违法乳品货值金额10倍以上20倍以下罚款，由发证机关吊销许可证照。《条例》第57条规定，乳制品销售者拒不停止销售、拒不追回问题乳制品的，由工商部门没收其违法所得、违法乳制品和相关的工具、设备等物品，并处违法乳制品货值金额15倍以上30倍以下罚款，由发证机关吊销许可证照。《条例》第59条规定，乳制品销售者在发生乳品质量安全事故后未报告、处置的，由工商部门责令改正，给予警告；毁灭有关证据的，责令停产停业，并处10万元以上20万元以下罚款；造成严重后果的，由发证机关吊销许可证照；构成犯罪的，依法追究刑事责任。

2.5 《食品流通许可证管理办法》

《食品流通许可证管理办法》（工商总局令第44号）已经中华人民共和国国家工商行政管理总局局务会审议通过，现予公布，自公布之日（2009年7月30日）起施行。

2.5.1 《食品流通许可证管理办法》的内容体系

《食品流通许可证管理办法》分为7章共44条，包括总则、申请与受理、审查与批准、许可的变更及注销、许可证的管理、监督检查和附则。

第1章，总则。包括第1条至第8条，对立法宗旨、调整范围、领取许可证的对象等内容作出规定。

第2章，申请与受理。包括第9条至第14条，对申请条件、申请材料要求、申请及受理程序等内容作出规定。

第3章，审查与批准。包括第15条至第19条，对许可事项、许可方式、准予决定等内容作出规定。

第4章，许可的变更及注销。包括第20条至第26条，主要为食品许可证的变更、延续、撤销、注销等内容。

第5章，许可证的管理。包括第27条至第30条，主要为许可证的形式与时效、内容、编号及保管等内容。

第6章，监督检查。包括第31条至第39条，主要为监督检查、法律责任、处罚措施等内容。

第7章，附则。包括第40条至第44条，主要为新旧证件的衔接、经费保障、法律衔接等内容。

2.5.2 《食品流通许可证管理办法》中的几个重要问题

1)食品流通许可机关

《食品流通许可证管理办法》规定,县级及其以上地方工商行政管理机关是食品流通许可的实施机关,具体工作由工商行政管理机关负责流通环节食品安全监管的职能机构承担。地方各级工商行政管理机关的许可管辖分工由省、自治区、直辖市工商行政管理局决定。

2)食品流通许可证与营业执照

《食品安全法实施条例》规定,设立食品生产企业,应当预先核准企业名称,依照《食品安全法》的规定取得生产许可后,办理工商登记。其他食品生产经营者应当在依法取得相应的食品生产许可、食品流通许可、餐饮服务许可后,办理工商登记。法律、法规对食品生产加工小作坊和食品摊贩另有规定的,依照其规定。

《食品流通许可证管理办法》规定,食品经营者应当在依法取得食品流通许可证后,向有登记管辖权的工商行政管理机关申请登记注册。未取得食品流通许可证和营业执照的,不得从事食品经营。

3)食品流通许可事项

根据《食品流通许可证管理办法》的规定,食品流通许可事项包括经营场所、负责人、许可范围等。其中,许可范围包括经营项目和经营方式。经营项目按照预包装食品、散装食品两种类别核定,经营方式按照批发、零售、批发兼零售3种类别核定。

4)《食品流通许可证》的申领对象

为贯彻落实不久前出台的食品安全法关于食品生产经营主体准入条件的规定,严把食品市场主体准入关,《食品流通许可证管理办法》规定,在流通环节从事食品经营的,应当依法取得食品流通许可。

但是,已经取得食品生产许可的食品生产者在其生产场所销售其生产的食品,不需要取得食品流通的许可;取得餐饮服务许可的餐饮服务提供者在其餐饮服务场所出售其制作加工的食品,不需要取得食品流通的许可。

食品经营者在此之前已领取《食品卫生许可证》的,原许可证继续有效。但原许可证许可事项发生变化或者有效期届满,食品经营者也须申请领取《食品流通许可证》。

5)《食品流通许可证》的申领条件

申请领取食品流通许可证,应当符合食品安全标准,并符合下列要求:

①具有与经营的食品品种、数量相适应的食品原料处理和食品加工、包装、贮存等场所。保持该场所环境整洁,并与有毒、有害场所以及其他污染源保持规定的距离。

②具有与经营的食品品种、数量相适应的设备或者设施。有相应的消毒、更衣、盥洗、采光、照明、通风、防腐、防尘、防蝇、防鼠、防虫、洗涤以及处理废水、存放垃圾和废弃物的设备或设施。

③有食品安全专业技术人员、管理人员和保证食品安全的规章制度。

④具有合理的设备布局和工艺流程,防止待加工食品与直接入口食品、原料和成品交叉污染,避免食品接触有毒物、不洁物。

6）申请领取《食品流通许可证》所需材料

食品经营者如要申请领取《食品流通许可证》，应当提交下列材料：《食品流通许可申请书》；《名称预先核准通知书》复印件；与食品经营相适应的经营场所的使用证明；负责人及食品安全管理人员的身份证明；与食品经营相适应的经营设备、工具清单；与食品经营相适应的经营设施空间布局和操作流程的文件；食品安全管理制度文本；省、自治区、直辖市工商行政管理局规定的其他材料。

申请人委托他人提出许可申请的，委托代理人应当提交委托书以及委托代理人或者指定代表的身份证明。已经具有合法主体资格的经营者在经营范围中申请增加食品经营项目的，还需提交营业执照等主体资格证明材料，不需提交《名称预先核准通知书》复印件。

新设食品经营企业申请食品流通许可的，该企业的投资人为许可申请人。已经具有主体资格的企业申请食品流通许可的，该企业为许可申请人。企业分支机构申请食品流通许可的，设立该分支机构的企业为许可申请人。个人新设申请或个体工商户申请食品流通许可的，业主为许可申请人。

申请《食品流通许可证》所提交的材料，应当真实、合法、有效，符合相关法律、法规的规定。申请人应当对其提交材料的合法性、真实性、有效性负责。

7）食品流通许可的变更、注销、撤销和吊销

（1）食品流通许可的变更

食品经营者改变许可事项，应当向原许可机关申请变更食品流通许可。未经许可，不得擅自改变许可事项。

（2）食品流通许可的注销

许可到期或不符合法律规定情形的，应依法注销。

（3）食品流通许可的撤销

食品流通许可的撤销是指由发放食品流通许可证的许可机关或者其上级机关，撤销已作出的食品流通许可。

（4）食品流通许可证的吊销

吊销食品流通许可证是一种行政处罚措施，是行政机关强制取消食品经营者的食品流通许可。《食品安全法》规定，食品经营者聘用不得从事食品生产经营管理工作的人员从事管理工作的，由原发证部门吊销许可证。被吊销食品生产、流通或者餐饮服务许可证的，其直接负责的主管人员自处罚决定作出之日起5年内不得从事食品经营管理工作。

8）对食品流通许可的监督检查

县级及其以上地方工商行政管理机关应当依据法律、法规规定的职责，对食品经营者进行监督检查。监督检查的主要内容包括：

①食品经营者是否具有食品流通许可证。

②食品经营者的经营条件发生变化，不符合经营要求的，经营者是否立即采取整改措施。有食品安全事故发生的潜在风险的，经营者是否立即停止经营活动，并向所在地县级工商行政管理机关报告。需要重新办理许可手续的，经营者是否依法办理。

③食品流通许可事项发生变化的，经营者是否依法变更许可或者重新申请办理食品流通许可证。

④有无伪造、涂改、倒卖、出租、出借或以其他形式非法转让食品流通许可证的行为。

⑤聘用的从业人员有无身体健康证明材料。

⑥在食品贮存、运输和销售过程中有无确保食品质量和控制污染的措施。

⑦法律、法规规定的其他情形。

9)食品经营者信用档案管理

《食品流通许可证管理办法》明确规定,县级及其以上地方工商行政管理机关应当依法建立食品流通许可档案。借阅、抄录、携带、复制档案资料的,依照法律、法规及国家工商行政管理总局有关规定执行。任何单位和个人不得修改、涂抹、标注、损毁档案资料。

《食品流通许可证管理办法》还规定,县级及其以上地方工商行政管理机关应当对食品经营者建立信用档案,记录许可颁发、日常监督检查结果、违法行为查处等情况。对食品经营者从事食品经营活动进行监督检查时,工商行政管理机关应当将监督检查的情况和处理结果予以记录,由监督检查人员和食品经营者签字确认后归档。

10)食品流通许可证与食品卫生许可证的衔接

《食品流通许可证管理办法》对食品流通许可证与食品卫生许可证的衔接作出了明确的规定和要求。

食品经营者在《食品流通许可证管理办法》施行前已领取食品卫生许可证的,原许可证继续有效。原许可证许可事项发生变化或者有效期届满,食品经营者应当按照《食品流通许可证管理办法》的规定提出申请,经许可机关审核后,缴销食品卫生许可证,领取食品流通许可证。

对食品卫生许可证继续有效的食品经营者,县级及其以上地方工商行政管理机关应当按照《食品安全法》和《食品安全法实施条例》及《食品流通许可证管理办法》的规定,定期或者不定期进行监督检查。

2.6 学习《国务院办公厅关于印发2013年食品安全重点工作安排的通知》(国办发〔2014〕20号)

各省、自治区、直辖市人民政府,国务院各部委、各直属机构:

《2014年食品安全重点工作安排》已经国务院同意,现印发给你们,请认真贯彻执行。

国务院办公厅

2014年4月29日

(此件公开发布)

2014年食品安全重点工作安排

2013年,各地区、各有关部门按照国务院的统一部署,加快推进食品安全监管体制改革,进一步强化日常监管,深入开展食品安全专项整治,严惩重处食品安全违法犯罪,食品安全风险隐患得到控制,全国食品安全形势总体趋稳较好。但制约我国食品安全的深层次矛盾依然存在,群众反映强烈的突出问题仍时有发生。为贯彻落实党的十八届三中全会、中央经济工作会议、今年《政府工作报告》精神及国务院关于食品安全工作的有关部署要求,保障人民群众“舌尖上的安全”,现就2014年食品安全重点工作作出如下安排:

一、深入开展治理整顿,着力解决突出问题

(一)开展食用农产品质量安全源头治理。严格农业投入品管理,严格推行高毒农药定点经营和实名购买制度,规范兽用抗菌药、饲料及饲料添加剂的生产经营和使用,促进农药、化肥科学减量使用。严厉打击使用禁用农兽药、非法添加“瘦肉精”和孔雀石绿等违禁物质的违法违规行为。加大土地和水污染治理力度,重点治理农产品产地土壤重金属污染、农业种养殖用水污染、持久性有机物污染等环境污染问题,努力切断污染物进入农田的链条。加强食用农产品质量安全监管,重点把好产地准出和市场准入关口。

(二)深入开展婴幼儿配方乳粉专项整治。规范生鲜乳收购与奶站经营管理,严格生鲜乳检验检测和运输监管,督促企业加强自建自控奶源建设与管理,进一步加强婴幼儿配方乳粉国家监督抽检,及时公布抽检结果。严禁以委托、贴牌、分装方式生产婴幼儿配方乳粉,严禁用同一配方生产不同品牌乳粉和使用牛、羊乳(粉)以外的原料乳(粉)生产婴幼儿配方乳粉。加强对企业持续保持许可条件、生产过程记录、产品检验情况的检查。加强乳制品流通监管,严格执行进货查验和查验记录制度,进一步规范网络销售婴幼儿配方乳粉行为。加强进口婴幼儿配方乳粉监管和抽检,公布进口婴幼儿配方乳粉生产企业、进口商及产品名录。依法严厉打击非法添加非食用物质、超范围超限量使用食品添加剂、无证生产经营、假冒知名品牌以及走私乳粉和乳清粉等违法行为,及时公布违法违规单位“黑名单”。

(三)开展畜禽屠宰和肉制品专项整治。落实病死畜禽收集处理属地管理责任,进一步规范病死畜禽无害化处理工作。依法严惩收购加工病死畜禽、出售未经肉品检验或经肉品检验不合格的肉制品等违法违规行为。加强对生猪屠宰定点企业、牛羊屠宰企业的规范管理,加强对肉制品生产加工企业的监督检查,严禁毛皮动物胴体及其他未经检验检疫动物肉品流入市场。加大对活禽交易市场的监督检查力度,督促活禽经营者严格按照有关规定对病死禽进行无害化处理。

(四)开展食用油安全综合治理。依法严厉打击非法收购、运输、加工餐厨废弃油脂,利用动物内脏、化工原料提炼、制售动物油脂,以次充好、以假充真、以不合格植物油冒充合格食用油等违法违规行为。深入推进餐厨废弃物资源化利用和无害化处理,从源头斩断“地沟油”非法利益链,形成疏堵结合的良性运行机制。加强对进口食用油品的检验,对进口食用植物油生产企业开展境外检查,防止不符合安全标准和质量标识标准油品流入国内市场。

(五)开展农村食品安全专项整治。加大对农村地区、城乡结合部、小作坊聚集村等重点区域的食品安全整治力度,重点治理小卖部、小超市、流动摊贩、批发市场销售假冒伪劣、“三无”食品等违法行为。着力提升农村食品安全消费意识。规范农村红白喜事集体用餐申报,加强对农村餐饮服务单位人员健康、场地环境、清洗消毒的管理,确保集体用餐安全。

(六)开展儿童食品、学校及周边食品安全专项整治。严格规范儿童食品经营许可准入条件、经营者责任义务,督促落实进货查验、索证索票制度,依法严厉查处校园周边销售低价劣质食品行为。制定中小学生营养餐管理规范,严格学生营养餐配送单位资质筛选和招投标,依法严厉查处加工销售不合格食品行为。严格对学校食堂人员卫生、原材料、加工流程的规范管理,防止食源性细菌污染,严防学生集体食物中毒事件发生。

（七）开展超过保质期食品、回收食品专项整治。严格落实食品生产经营者主体责任，督促食品生产经营者及时自查清理超过保质期食品并采取停止经营等措施，主动将该食品清退出市场；对退市的超过保质期食品和回收食品设立专门区域保存并加贴醒目标签，防止与正常食品混淆或再行销售。依法严厉打击违法违规经营和使用超过保质期食品和回收食品的行为，禁止使用超过保质期食品和回收食品作为原料生产加工食品，禁止采取更改生产日期、保质期或改换包装等方式销售超过保质期食品和回收食品。规范对超过保质期食品和回收食品的处置，严格依照有关法律法规要求，监督食品生产经营者对超过保质期食品和回收食品进行无害化处理或销毁，防止超过保质期食品和回收食品回流餐桌。

（八）开展"非法添加"和"非法宣传"问题专项整治。严厉打击生产环节非法添加、使用非食品原料、超范围超限量使用食品添加剂等违法行为，坚决取缔"黑窝点""黑作坊"和"黑工厂"。完善《食品中可能违法添加的非食用物质名单》，加快名单范围内物质检测方法的研究和认定，加大对名单范围内物质的监测抽检力度。继续加大对食品广告虚假宣传的查处力度，严厉整治生产销售粗制滥造、冒用品牌、虚假标识等假冒伪劣问题。进一步巩固和扩大保健食品打"四非"（非法生产、非法经营、非法添加和非法宣传）阶段性成果，坚决防止问题反弹。

（九）开展网络食品交易和进出口食品专项整治。严厉查处通过互联网销售"三无"食品、不符合安全标准食品、未经检验检疫进口食品等违法违规行为。严格规范网络食品经营者及网络食品交易平台服务提供者责任和义务，探索建立网络食品交易监管制度。加强进出口食品安全监管，加强各口岸单位资源共享、情报互通，形成口岸监管合力。以粮食、食糖、食用油、肉类等为重点，依法严厉打击走私和逃避监管等违法犯罪行为。

二、加强监管能力建设，夯实监管工作基础

（一）全面深化食品安全监管体制改革。完善从中央到地方直至基层的食品安全监管体制，健全乡镇食品安全监管派出机构和农产品质量安全监管服务机构，加强村级协管员队伍建设。进一步落实食品安全属地管理职责，强化市县两级监管职责，将农产品质量安全监管执法纳入农业综合执法范围，加快推进生猪定点屠宰监管职责调整到位。充分发挥各级食品安全综合协调机构的作用，强化综合协调能力建设，完善协作配合机制。加快建立食用农产品产地准出与市场准入有效衔接机制。

（二）加强基层执法力量和规范化建设。强化基层监管技术支撑，推进食品生产经营者电子化管理和数据库建设，提高监管水平。提升基层执法队伍综合素质和业务能力，培养懂技术、通法律、善调查的基层执法干部队伍。加强基层执法规范化建设，健全基层监管责任制，明确基层监管机构岗位职责，规范工作流程。

（三）强化食品安全风险监测评估。继续加强食品安全风险监测体系及其能力建设，建立和完善全国食源性疾病监测与报告网络，强化监测结果统一汇总分析。组织实施国家食品和食用农产品安全风险监测年度计划，开展收购和库存粮食质量安全的监测与抽查，加强对食品相关产品生产过程和制成品的全面监测。修订食品安全风险监测和评估相关管理规定，规范监测、评估工作管理，强化监测、评估结果应用。科学规范开展食品安全风险交流、预警工作，健全工作体系和机制，加强专业化人员队伍建设。研究制定国家食品安全和农产品质量安全风险评估工作规划，实施风险评估项目，做好食品安全隐患的应急风险评估工作。加强总膳食研究、食物消费量调查等基础数据库建设。继续做好新食品原料、食品添加剂新品种、食品相关产品新品种的安全性审查工作。

（四）加快食品安全检验检测能力建设。加强食用农产品和食品快检、溯源技术和预警系统的研发和推广应用，进一步提高食品安全检测技术水平。实施食品安全检（监）测能力建设规划，加快县乡食品、农产品质量安全检测体系建设，加强基层食品安全检测能力建设，提高一线监管执法队伍技术水平。推进县级食品安全检验检测资源整合以及农产品质量安全检验检测资源整合。加强检验检测机构资质认定和监督管理工作，充分共享检验检测结果，减少重复检验检测。创造有利于第三方食品安全检验检测机构发展的环境，鼓励向第三方检验检测机构购买服务。

（五）推进食品安全监管工作信息化。落实《国家食品安全监管体系"十二五"规划》，推进食品安全监管信息化工程建设，充分利用现代信息技术，提高监管效能。鼓励各地加大资金支持，开展试点建设，推动数据共享。加快食品安全监管统计基础数据库建设，提高统计工作信息化水平。推进食品安全信息惠民行动计划，利用物联网、溯源、防伪、条码等技术，实施信息惠民工程。

（六）建立健全"餐桌污染治理体系"。开展联合调研，总结推广地方经验，探索建立健全符合国情、科学完善的"餐桌污染治理体系"，建设食品放心工程。

三、完善法规标准，加强制度建设

（一）制订、修订一批食品安全法律法规。推动抓紧修订《中华人民共和国食品安全法》，制订食品生产经营许可管理办法、食品标识监督管理办法、食品添加剂生产监督管理办法、食源性疾病管理办法、进出口食品安全条例、食品相关产品安全监督管理办法等配套法规规章制度。加快《农药管理条例》《生猪屠宰管理条例》等法规的修订工作。推动地方抓紧研究制定出台食品生产加工小作坊、食品摊贩管理的地方性法规。根据新的监管体制要求，对原有部门规章进行清理整合。地方各级人民政府要重点针对芽菜、活禽、保健食品、餐厨废弃物等监管的空白和盲点，明确监管部门职责和工作要求，抓紧研究完善监管制度。

（二）建立食品原产地可追溯制度和质量标识制度。加快建立"从农田到餐桌"的全程追溯体系，研究起草重要食用农产品追溯管理办法，稳步推进农产品质量安全追溯、肉菜流通追溯、酒类流通追溯、乳制品安全追溯体系建设。完善食品质量标识制度，规范"无公害农产品""绿色食品""有机产品""清真食品"等食品、农产品认证活动和认证标识使用，规范转基因食品标识的使用，提高消费者对质量标识与认证的甄别能力。

（三）清理整合一批食品安全国家和地方标准。加快食品安全标准清理整合工作，制定公布新的食用植物油、蜂蜜、粮食、饮用水、调味品等重点食品国家标准，对食品污染物、食品添加剂使用等重点标准开展跟踪评价。完善食品安全标准管理制度，规范标准制定流程，做好标准宣传培训、信息公开和咨询答复。加强食品安全标准研究、起草单位和专业队伍建设，提高食品安全标准工作能力和工作效率。

四、落实企业主体责任，推动社会共治

（一）探索建立企业首负责任制和惩罚性赔偿机制。在婴幼儿配方乳粉、白酒生产企业试点"食品质量安全授权"制度，通过企业授权质量安全负责人，对原料入厂把关、生产过程控制和出厂产品检验质量安全负责。鼓励企业通过提升自有检验能力或委托检验等方式加强对产品质量的控制。鼓励企业实施良好农业规范(GAP)、良好生产规范(GMP),建立危害分析和关键控制点(HACCP)体系,以及建立和完善食品安全事故报告、员工健康管理、培训教育管理、食品生产经营操作规范等制度。探索建立"谁生产谁负责、谁销售谁负责"的企业首负责任制和食品质量安全惩罚性赔偿机制。

(二)推动重点产业转型升级发展和食品品牌建设。大力扶持农业规模化、标准化生产,推进园艺作物标准园、畜禽规模养殖、水产健康养殖等创建活动。推动肉、菜、蛋、奶、粮等大宗食品生产基地建设,引导小作坊、小企业、小餐饮等生产经营活动向食品加工产业园区集聚。加快婴幼儿配方乳粉企业良好生产规范实施,严格行业准入和许可制度,采取多种方式推进婴幼儿配方乳粉企业兼并重组,积极鼓励一批基础好、管理优、潜力大的婴幼儿配方乳粉企业做优做强。加强食品品牌建设,保护和传承食品行业老字号,发挥其质量管理示范带动作用,用品牌保证人民群众对食品质量安全的信心。

(三)研究建立食品安全责任强制保险制度。制订出台关于开展食品安全责任强制保险试点工作的指导意见,确定部分重点行业、重点领域试点食品安全责任强制保险制度,充分发挥保险的风险控制和社会管理功能,建立政府、保险机构、企业和消费者多方互动共赢的激励约束机制。

(四)加强食品安全领域诚信体系建设。落实国务院食品安全办等部门《关于进一步加强道德诚信建设推进食品安全工作的意见》,完善诚信管理法规制度,全面建立各类食品生产经营单位的信用档案,完善诚信信息共享机制和失信行为联合惩戒机制,探索通过实施食品生产经营者"红黑名单"制度促进企业诚信自律经营。建立统一的食品生产经营者征信系统,研究和推进将食品安全信用评价结果与行业准入、融资信贷、税收、用地审批等挂钩,充分发挥其他领域对食品安全失信行为的制约作用。

(五)落实食品安全违法行为有奖举报制度。地方各级人民政府要设立食品安全举报奖励专项资金,适度扩大奖励范围,对提供有效线索、经查证属实的,要及时兑现奖励。对举报违法制售、使用食品非法添加物等严重违法犯罪问题的举报人,以及违法生产经营单位内部举报人员,适当提高奖励额度。严格执行举报保密制度,依法严惩对举报人打击报复的行为。

五、严格监管执法,严惩违法犯罪行为

(一)持续保持打击违法犯罪高压态势。将危害最为严重、人民群众反映最为强烈、整治最为迫切的食品安全领域违法犯罪行为作为打击重点,依据《中华人民共和国刑法》《最高人民法院、最高人民检察院关于办理危害食品安全刑事案件适用法律若干问题的解释》等法律及司法解释予以严惩重处。

(二)进一步促进行政执法与刑事司法的无缝衔接。加强行政监管部门与公安机关在案件查办、信息通报、技术支持、法律保障等方面的配合,形成打击食品违法犯罪的合力。开放食品安全信息平台接入口,实现公安机关与行政监管部门信息共享,探索公安机关提前介入涉嫌食品安全犯罪案件的评估与应对。建立联合挂牌督办制度,对挂牌督办的大要案件,要依法从重从严查处。

(三)强化公安机关专业打击力量。地方各级人民政府要根据食品药品监管体制改革要求,加强食品安全犯罪侦查队伍建设,明确机构和人员专职负责打击食品安全犯罪。地方各级食品安全综合协调机构要协调有关部门尽快明确技术鉴定机构、涉案问题食品处置办法,积极协调有关方面为公安机关提供技术支持等。

六、强化监测预警，科学防范应对突发事件

（一）加强信息收集和舆情监测。建立健全食品安全重大信息报告工作机制，地方各级食品药品监管部门获知相关重大敏感信息后，应及时向上级主管部门报告和向相关部门通报；必要时，直接向国务院食品安全办报告。建立舆情监测预警制度，动态捕捉社会关注热点，及时核查分析反映问题，及时发出预警信息，实现敏感舆情早发现、早报告、早处理。

（二）加强应急能力建设。编制并实施食品安全应急体系规划，加快推进应急管理体系建设，健全各级应急管理机构。完善应急管理机制，加快应急处置装备、应急物资储备和应急队伍建设。加强应急预案建设，做好应急管理工作的指导、培训和演练，加快提升防范预警、应急响应、应急检验、应急评估等应急核心能力。

（三）妥善应对处置突发事件。加强和完善多部门共同参与的突发事件应对协调联动机制，明确和落实部门相关处置职责。加快研究制订食品安全事故调查处理办法，规范事故调查处理程序。加强和完善突发事件快速反应机制，迅速组织开展现场控制、安全评估、事件调查、信息发布等应急措施，妥善处置突发事件。

七、加强宣传教育，正确引导舆论

（一）做好食品安全科普宣传工作。落实《食品安全宣传教育工作纲要》（2011—2015年），深入开展“食品安全宣传周”活动，充分发挥科研院所、社会团体和专家作用，加强食品安全社会共治宣传，引导消费者理性认知食品安全风险，提高风险防范意识。加大对食品生产经营诚信自律典型、监管执法先进人物的宣传报道力度，发挥其示范引领作用。

（二）建立健全食品安全信息发布制度。加强与媒体的机制性沟通，完善食品安全工作新闻发言人制度，定期举办新闻发布会，主动介绍食品安全工作重大方针政策、重要领域专项整治情况，及时向社会通报阶段性成果，科学有序的发布消费安全提示。

（三）加强食品安全热点问题舆论引导。积极回应群众高度关注的热点问题，自觉接受新闻媒体和舆论监督。开展“网上专家热线”“网上问政”“与网民互动”“有奖知识竞答”等活动，满足公众食品安全信息需求。对舆论中存在的质疑、误解主动发声，做好澄清和解疑释惑工作，及时回应公众关切，合理引导公众预期。对造谣传谣的违法行为给予严厉打击。

八、狠抓责任落实，搞好协调联动

（一）开展食品安全城市、农产品质量安全示范县创建工作。在省会城市、计划单列市等城市及有条件的“菜篮子”产品主产县开展创建试点。以创建活动为抓手，通过示范带动，推动地方政府落实监管责任、创新监管举措，提升食品安全整体保障水平和群众满意度。

（二）完善部门间、区域间协调联动机制。继续完善部门间信息通报、联合执法、隐患排查、事件处置、宣传教育以及行政执法与刑事司法衔接等协调联动机制。积极鼓励区域间建立风险隐患信息交流、跨地区大案联合查处、行业产业带动升级、重大问题协同研究等工作机制，推动形成维护食品安全的强大合力。

（三）强化督查考评，严格责任追究。各地要将食品安全工作纳入地方政府民生工程，加大投入支持力度。将食品安全纳入地方政府年度综合目标、社会管理综合治理考核内容，考核结果作为综合考核评价地方政府领导班子和相关领导干部的重要依据，进一步落实食品安全属地管理责任。加强对农产品质量和食品安全工作的考核评价，完善考核评价指标体系，逐级健全督查考评制度。建立严格的责任追究制度,依法依纪追究重大食品安全事件中责任人的失职渎职等责任。

注:请关注每年国务院办公厅最新通知。

实训1 为一个酸奶企业查询其需要所有食品法律法规

实训目标:培养学生通过网络学习和查阅酸奶企业所需法律法规的能力。

实训组织:学生分组,每组4人,安排学生利用网络终端查询酸奶企业所需要的法律法规并归类。每组制作幻灯片后,选择一个代表为大家进行讲解。

实训成果:幻灯片和讲解。

实训评价:

考核评价表

项　目	得　分
小组内分工明确、合理,组员间能很好沟通(20分)	
法律法规清单完整(50分)	
思维清晰,语言表达规范(10分)	
调研报告条理清楚(20分)	
总分	

实训2 为一个月饼企业查询其需要所有食品法律法规

实训目标:培养学生通过网络学习和查阅月饼生产企业所需法律法规的能力。

实训组织:学生分组,每组4人,安排学生利用网络终端查询月饼生产企业所需要的法律法规并归类。每组制作幻灯片后,选择一个代表为大家进行讲解。

实训成果:幻灯片和讲解。

实训评价:

考核评价表

项　目	得　分
小组内分工明确、合理,组员间能很好沟通(20分)	
法律法规清单完整(50分)	
思维清晰,语言表达规范(10分)	
调研报告条理清楚(20分)	
总分	

项目小结

本项目主要介绍了我国食品安全监管体系和食品法律法规。

我国的食品安全监管经历了一个由单部门到多部门再到单部门主导负责的发展历程。2013 年的全国两会上批准了《国务院机构改革和职能转变方案》,成立了国家食品药品监督管理总局(以下简称“食药监总局”),全面负责食品安全监管。现在食品安全监管形成了由管源头的农业部门、管生产流通和终端的食药部门、负责风险评估与标准制定的卫生部门 3 家组成的新架构,趋向于一体化的监管体制。

我国目前已基本形成了由国家基本法律、行政法规和部门规章构成的食品法律法规体系。

思考题

1.《食品安全法》适用的范围是什么?
2. 违反《食品安全法》,在哪些情况下应追究刑事责任?而在何种情况下可免除处罚?
3. 乳品质量安全的第一责任者有哪些?
4. 乳制品生产销售等各个环节的监督管理工作是由政府哪几个部门负责的?
5. 我国与食品标签标识相关的法律法规有哪些?
6. 我国与饲料农药兽药相关的法律法规有哪些?

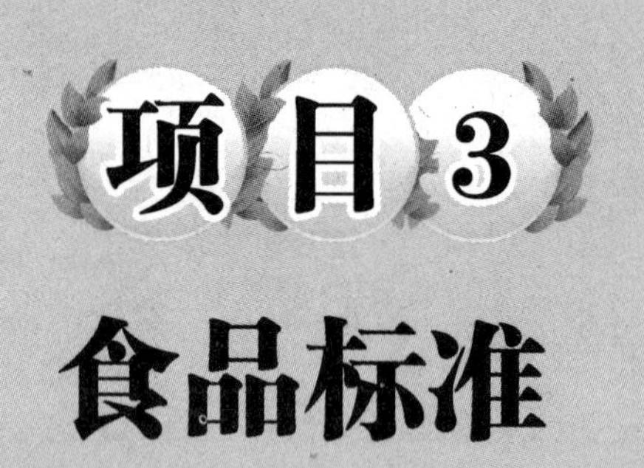

食品标准

【学习目标】

- 了解现阶段的食品标准。
- 熟悉食品标准的相关规范。

【技能目标】

- 根据《食品卫生标准》和《食品质量标准》为食品企业生产必备条件提供所需标准。

【知识点】>>>

食品标准的相关规范。

案例导入

什么叫食品标准

图3.1 食品添加剂

这幅图说明了什么？为什么食品有这么高的要求呢？

3.1 中国食品标准体系简介

食品国家标准，包括食品卫生标准和食品质量标准。经过多年努力，我国食品工业标准化体系已趋于健全。食品作为供人食用或饮用的成品和原料，应当是无毒、无害，符合其应有的营养要求，并且具有相应的色、香、味等感官性状。但是在食品生产、加工、包装、运输和贮存等过程中，由于受到各种条件、因素的影响，可能会使食品受到污染，危害人体健康。

3.1.1 食品卫生标准概述

为了保证食品卫生而制订的标准统称为食品卫生标准。食品卫生标准主要是对直接入口的食品所受细菌污染的程度作定性或定量的限制，通常称为卫生检验。

国家食品卫生标准，一般包括感官指标、理化指标和微生物指标。按食品和农副产品加工行业分为几十个专业，分别制定，以确保食品无毒、无害，符合应有的营养要求，并具有相应的色、香、味等感官性状。

1)感官指标

食品（包括原料和加工制品）都具有色、香、味、形、性状，食品性状不同，其品质也不同，可以通过感官进行鉴别。

一般食品的性状多是用文字作定性的描述，进行鉴别时，也常常是凭经验来评定。但是人的感觉器官由于受到生理、经验和环境等因素的影响，认识和判别能力均可能出现差异，因而必须对某些食品的感官性状，制定出相应的标准。如新鲜水果和蔬菜（主要是果蔬类，如西红柿)的成熟度,以色度作比较;淀粉的白度,以光的反射率来检查;酒的香气,以确定出的成分来鉴别;等等。对食品的感官检验,包括检查食品的颜色、气味和组织形态3个方面。

看食品的颜色:食品都具有特定的色泽,如食品颜色异常,非常鲜艳,可能加入了非食用色素或加入了过量的食用色素所致;如食品颜色较正常颜色变淡,可能是掺入了其他物质或者食品本身或原料变质发霉。

闻尝食品的气味或口味:食品都具有各自的气味和口味,如山楂很酸,啤酒辛涩。闻尝食品有无异常气味和口味,可以为食品是否纯正提供依据,如品尝到味精有咸味,可以判定在味精中掺入了食盐。

观察食品的组织形态:食品均有本身的组织形态,有的呈固体、液体或粉末状;有的圆、有的扁、有的有棱有角;有的软、有的硬。如正常的木耳为革质,脆而弹性差,手感不硬,而掺了糖或掺了碱的木耳,手摸发软而不脆。

2)理化指标

食品是否符合食用要求,往往要通过理化分析,才能确认。

食品的内在质量,包括物理性状、有效成分和杂质等。理想的食品应当是无毒、无害而有营养的物品。要避免或减少食品加工过程中可能出现的有毒、有害物质,一般食品都根据不同的食用要求订出理化指标,根据不同的品类,订出所含有毒有害物质的限量。

确认食品内在质量的理化分析方法,因采用的手段和人员素质的差别可能会得出不同的结论。为了避免争议,对有关的分析方法,使用的仪器、试剂、操作步骤等,均要作出统一规定。我国食品专业理化指标的测定方法,都是按照卫生部颁发的《食品卫生检验方法(理化部分)》执行。

3)微生物指标

微生物种类很多,对人有利的有酵母菌、乳酸菌等;对人有毒有害的有结核菌、葡萄球菌等。所有微生物的生存和繁殖都需要一定的水、空气、温度和养分,而凡是食品都具备这些条件,因此食品很容易寄生和繁殖各种微生物。食品卫生标准中所规定的微生物指标,一般是指应加以控制或限制的含菌种类和数量,如大肠菌群、致病菌等。

判别微生物的种类和数量需要通过仪器分析检测,我国食品通用的微生物检测方法统一按照卫生部颁发的《食品卫生检验方法(微生物部分)》执行。

3.1.2 食品质量标准概述

食品质量标准适用供再加工或烹调后食用和可直接食用的加工食品,标准规定的质量指标是用以确保食品质量的规范化。有的规定了食品中应含的人体所需营养成分,如小包装生肉类食品、干海参(刺参)、干贝等海产品中所含水分不得超过的最高限量。有的规定了食品的烹调性,如方便面复水后,应无明显断条、并条;口感不夹生,不粘牙。有的规定了食品中所含杂质的限量,如各类食用油所含杂质不得超过0.05%等。制定食品质量标准,目的在于保护消费者的合法权益和身体健康。

3.2 食品生产通用卫生规范标准

《食品安全国家标准　食品生产通用卫生规范》(GB 14881—2013)标准框架如下：

1　范围

2　术语和定义

　2.1　污染

　2.2　虫害

　2.3　食品加工人员

　2.4　接触表面

　2.5　分离

　2.6　分隔

　2.7　食品加工场所

　2.8　监控

　2.9　工作服

3　选址和厂区环境

　3.1　选址

　3.2　厂区环境

4　厂房和车间

　4.1　设计和布局

　4.2　建筑内部结构与材料

5　设施与设备

　5.1　设施

　5.2　设备

6　卫生管理

　6.1　卫生管理制度

　6.2　厂房及设施卫生管理

　6.3　食品加工人员卫生与健康管理

　6.4　虫害控制

　6.5　废弃物处理

　6.6　工作服管理

7　食品原料、食品添加剂和食品相关产品

　7.1　一般要求

　7.2　食品原料

　7.3　食品添加剂

　7.4　食品相关产品

　7.5　其他

8　生产过程的食品安全控制
8.1　产品污染风险控制
8.2　生物污染的控制
8.3　化学污染的控制
8.4　物理污染的控制
8.5　包装
9　检验
10　食品的贮存与运输
11　产品召回管理
12　培训
13　管理制度和人员
14　记录和文件管理

3.3　食品添加剂使用标准和食品营养强化剂使用标准

3.3.1　食品添加剂使用标准

《食品安全国家标准　食品添加剂使用标准》(GB 2760—2011)标准摘录如下:

1　范围

本标准规定了食品添加剂的使用原则、允许使用的食品添加剂品种、使用范围及最大使用量或残留量。

2　术语和定义

2.1　食品添加剂

为改善食品品质和色、香、味,以及为防腐、保鲜和加工工艺的需要而加入食品中的人工合成或天然物质。营养强化剂、食品用香料、胶基糖果中基础剂物质、食品工业用加工助剂也包括在内。

2.2　最大使用量

食品添加剂使用时所允许的最大添加量。

2.3　最大残留量

食品添加剂或其分解产物在最终食品中的允许残留水平。

2.4　食品工业用加工助剂

保证食品加工能顺利进行的各种物质,与食品本身无关。如助滤、澄清、吸附、脱模、脱色、脱皮、提取溶剂、发酵用营养物质等。

2.5　国际编码系统(INS)

食品添加剂的国际编码,用于代替复杂的化学结构名称表述。

2.6　中国编码系统(CNS)

食品添加剂的中国编码,由食品添加剂的主要功能类别(见附录E)代码和在本功能类别中的顺序号组成。

3 食品添加剂的使用原则

3.1 食品添加剂使用时应符合以下基本要求

a. 不应对人体产生任何健康危害；

b. 不应掩盖食品腐败变质；

c. 不应掩盖食品本身或加工过程中的质量缺陷或以掺杂、掺假、伪造为目的而使用食品添加剂；

d. 不应降低食品本身的营养价值；

e. 在达到预期目的的前提下尽可能降低在食品中的使用量。

3.2 在下列情况下可使用食品添加剂

a. 保持或提高食品本身的营养价值；

b. 作为某些特殊膳食用食品的必要配料或成分；

c. 提高食品的质量和稳定性，改进其感官特性；

d. 便于食品的生产、加工、包装、运输或储藏。

3.3 食品添加剂质量标准

按照本标准使用的食品添加剂应当符合相应的质量规格要求。

3.4 带入原则

在下列情况下，食品添加剂可以通过食品配料（含食品添加剂）带入食品中：

a. 根据本标准，食品配料中允许使用该食品添加剂；

b. 食品配料中该添加剂的用量不应超过允许的最大使用量；

c. 应在正常生产工艺条件下使用这些配料，并且食品中该添加剂的含量不应超过由配料带入的水平；

d. 由配料带入食品中的该添加剂的含量应明显低于直接将其添加到该食品中通常所需要的水平。

4 食品分类系统

食品分类系统用于界定食品添加剂的使用范围，只适用于本标准，见附录F。如允许某一食品添加剂应用于某一食品类别时，则允许其应用于该类别下的所有类别食品，另有规定的除外。

5 食品添加剂的使用规定

食品添加剂的使用应符合附录A的规定。

6 营养强化剂

营养强化剂的使用应符合GB 14880和相关规定。

7 食品用香料

用于生产食品用香精的食品用香料的使用应符合附录B的规定。

8 食品工业用加工助剂

食品工业用加工助剂的使用应符合附录C的规定。

9 胶基糖果中基础剂物质及其配料

胶基糖果中基础剂物质及其配料的使用应符合附录D的规定。

附录 A 食品添加剂使用规定(略)
附录 B 食品用香料使用规定(略)
附录 C 食品工业用加工助剂(以下简称“加工助剂”)使用规定(略)
附录 D 胶基糖果中基础剂物质及其配料名单(略)
附录 E 食品添加剂功能类别(略)
附录 F 食品分类系统(略)

3.3.2 食品营养强化剂使用标准

《食品安全国家标准　食品营养强化剂使用标准》(GB 14880—2012)标准摘录如下:

1　范围

本标准规定了食品营养强化的主要目的、使用营养强化剂的要求、可强化食品类别的选择要求以及营养强化剂的使用规定。

本标准适用于食品中营养强化剂的使用。国家法律、法规和(或)标准另有规定的除外。

2　术语和定义

2.1　营养强化剂

为了增加食品的营养成分(价值)而加入食品中的天然或人工合成的营养素和其他营养成分。

2.2　营养素

食物中具有特定生理作用,能维持机体生长、发育、活动、繁殖以及正常代谢所需的物质,包括蛋白质、脂肪、碳水化合物、矿物质、维生素等。

2.3　其他营养成分

除营养素以外的具有营养和(或)生理功能的其他食物成分。

2.4　特殊膳食用食品

为满足特殊的身体或生理状况和(或)满足疾病、紊乱等状态下的特殊膳食需求,专门加工或配方的食品。这类食品的营养素和(或)其他营养成分的含量与可类比的普通食品有显著不同。

3　营养强化的主要目的

3.1　弥补食品在正常加工、储存时造成的营养素损失。

3.2　在一定的地域范围内,有相当规模的人群出现某些营养素摄入水平低或缺乏,通过强化可以改善其摄入水平低或缺乏导致的健康影响。

3.3　某些人群由于饮食习惯和(或)其他原因可能出现某些营养素摄入量水平低或缺乏,通过强化可以改善其摄入水平低或缺乏导致的健康影响。

3.4　补充和调整特殊膳食用食品中营养素和(或)其他营养成分的含量。

4　使用营养强化剂的要求

4.1　营养强化剂的使用不应导致人群食用后营养素及其他营养成分摄入过量或不均衡,不应导致任何营养素及其他营养成分的代谢异常。

4.2　营养强化剂的使用不应鼓励和引导与国家营养政策相悖的食品消费模式。

4.3　添加到食品中的营养强化剂应能在特定的储存、运输和食用条件下保持质量的稳定。

4.4 添加到食品中的营养强化剂不应导致食品一般特性（如色泽、滋味、气味、烹调特性等）发生明显不良改变。

4.5 不应通过使用营养强化剂夸大食品中某一营养成分的含量或作用误导和欺骗消费者。

5 可强化食品类别的选择要求

5.1 应选择目标人群普遍消费且容易获得的食品进行强化。

5.2 作为强化载体的食品消费量应相对比较稳定。

5.3 我国居民膳食指南中提倡减少食用的食品不宜作为强化的载体。

6 营养强化剂的使用规定

6.1 营养强化剂在食品中的使用范围、使用量应符合附录A的要求，允许使用的化合物来源应符合附录B的规定。

6.2 特殊膳食用食品中营养素及其他营养成分的含量按相应的食品安全国家标准执行，允许使用的营养强化剂及化合物来源应符合本标准附录C和（或）相应产品标准的要求。

7 食品类别（名称）说明

食品类别（名称）说明用于界定营养强化剂的使用范围，只适用于本标准，见附录D。如允许某一营养强化剂应用于某一食品类别（名称）时，则允许其应用于该类别下的所有类别食品，另有规定的除外。

8 营养强化剂质量标准

按照本标准使用的营养强化剂化合物来源应符合相应的质量规格要求。

附录A 食品营养强化剂使用规定（略）

附录B 允许使用营养强化剂化合物来源名单（略）

附录C 允许用于特殊膳食用食品的食品营养强化剂及化合物来源名单（略）

附录D 食品类别（名称）说明（略）

3.4 食品标签标准

《食品安全国家标准　预包装食品标签通则》（GB 7718—2011）标准框架如下：

1 范围

2 术语和定义

2.1 预包装食品

2.2 食品标签

2.3 配料

2.4 生产日期（制造日期）

2.5 保质期

2.6 规格

2.7 主要展示版面

3 基本要求
4 标示内容
4.1 直接向消费者提供的预包装食品标签标示内容
4.1.1 一般要求
4.1.2 食品名称
4.1.3 配料表
4.1.4 配料的定量标示
4.1.5 净含量和规格
4.1.6 生产者、经营者的名称、地址和联系方式
4.1.7 日期标示
4.1.8 贮存条件
4.1.9 生产许可证编号
4.1.10 产品标准代号
4.1.11 其他标示内容
4.2 非直接向消费者提供的预包装食品标签标示内容
4.3 标示内容的豁免
4.4 推荐标示内容
4.4.1 配好
4.4.2 食用方法
4.4.3 致敏物质
5 其他
附录 A 包装物或包装容器最大表面面积计算方法
附录 B 食品添加剂在配料表中的标示方式
附录 C 部分标签项目的推荐标示方式

3.5 食品原料标准、食品产品标准

3.5.1 食品原料标准

如酸奶原料为生乳、白砂糖等。其中生乳标准为《食品安全国家标准 生乳》(GB 19301),该标准具体内容如下:

1 范围
2 规范性引用文件
3 术语和定义
4 技术要求
4.1 感官要求
4.2 理化指标

4.3 污染物限量
4.4 真菌毒素限量
4.5 微生物限量
4.6 农药残留限量和兽药残留限量

3.5.2 食品产品标准

如酸奶的产品标准为《食品安全国家标准　发酵乳》(GB 19302),该标准具体内容如下:
1 范围
2 规范性引用文件
3 术语和定义
　3.1 发酵乳
　3.2 酸乳
　3.3 风味发酵乳
　3.4 风味酸乳
4 指标要求
　4.1 原料要求
　4.2 感官要求
　4.3 理化指标
　4.4 污染物限量
　4.5 真菌毒素限量
　4.6 微生物限量
　4.7 乳酸数据
　4.8 食品添加剂和食品营养强化剂
5 其他

实训1　为一个酸奶企业查询其需要所有食品标准

实训目标:培养学生通过网络学习酸奶企业需要所有食品标准的能力。

实训组织:学生分组,每组4~5人,安排学生利用手机终端查询酸奶企业需要所有食品标准,每组制作幻灯片后,选择一个代表为大家进行讲解。

实训成果:幻灯片和讲解。

实训评价：

考核评价表

考核点及占项目分值比	建议考核方式	评价标准			成绩比例/%
		优	良	及格	
准备工作	学生自评 学生互评 教师评价	能很好地掌握本任务的理论知识，能熟练、全面地查阅有关文献，制订的学习方案合理可行	能较好地掌握本任务的理论知识，能查阅有关文献，制订的学习方案比较合理可行	能基本掌握本任务的理论知识，能查阅有关文献，制订的学习方案基本合理可行	30
工作过程 学习结果	学生自评 学生互评 教师现场评价	结果准确；工作过程分析合理，提出的改进措施切实可行；能够准确记录及正确表达，书写报告正确规范	结果比较准确；工作过程分析比较合理，提出的改进措施比较可行；能够记录及表达，书写报告正确	结果基本准确；工作过程分析基本合理，提出的改进措施基本切实可行；基本能够准确记录及表达，书写报告基本正确	70

实训2　为一个月饼企业查询其需要所有食品标准

实训目标：培养学生通过网络学习月饼企业需要所有食品标准的能力。

实训组织：学生分组，每组4～5人，安排学生利用手机终端查询月饼企业需要所有食品标准，每组制作幻灯片后，选择一个代表为大家进行讲解。

实训成果：幻灯片和讲解。

实训评价：

考核评价表

考核点及占项目分值比	建议考核方式	评价标准			成绩比例/%
		优	良	及格	
准备工作	学生自评 学生互评 教师评价	能很好地掌握本任务的理论知识，能熟练、全面地查阅有关文献，制订的学习方案合理可行	能较好地掌握本任务的理论知识，能查阅有关文献，制订的学习方案比较合理可行	能基本掌握本任务的理论知识，能查阅有关文献，制订的学习方案基本合理可行	30
工作过程 学习结果	学生自评 学生互评 教师现场评价	结果准确；工作过程分析合理，提出的改进措施切实可行；能够准确记录及正确表达，书写报告正确规范	结果比较准确；工作过程分析比较合理，提出的改进措施比较可行；能够记录及表达，书写报告正确	结果基本准确；工作过程分析基本合理，提出的改进措施基本切实可行；基本能够准确记录及表达，书写报告基本正确	70

项目小结

本项目介绍了食品企业卫生规范,食品添加剂和食品营养强化剂标准,食品标签标准和食品营养标签标准,食品原料产品标准等相关规范及标准,是食品专业学生必须具备的基本知识。

思考题

1. 简述食品国家标准。
2. 食品国家标准包括几个方面,各有哪些要求?

项目4

食品生产许可

【学习目标】

- 熟悉食品质量安全市场准入制度(QS认证)的具体要求、QS认证程序。
- 掌握《食品生产加工企业质量安全监督管理办法》"食品生产加工企业必备条件"中的11项要求。
- 了解现阶段需要取得食品生产许可证的产品种类和认证单元。

【技能目标】

- 根据《审查通则》和相应的《审查通则》对食品企业生产必备条件进行内部现场审查。
- 具备编写食品生产许可证申报所需要的资料。

【知识点】>>>

食品质量安全市场准入制度、《审查通则》。

案例导入

图4.1 食品生产许可标志

食品包装上的这个标志表示什么？为什么几乎所有食品包装上都有这个标志？

4.1 食品生产许可国家相关规定

“QS”是我国的食品市场准入标志，由英文“质量安全(Quality Safety)”的开头字母组成，加贴“QS”标志表明食品符合质量安全的基本要求。

4.1.1 食品质量安全市场准入制度概述

市场准入制度是指各国政府或授权机构对生产、销售者及其商品(或资本)进入市场所规定的基本条件，以及相应的管理制度。

自2005年9月1日起施行的《食品生产加工企业质量安全监督管理实施细则(试行)》(国家质检总局79号令)对食品生产加工企业质量安全监督管理提出了一系列明确的要求。按照国家有关规定，凡在中华人民共和国境内从事以销售为最终目的的食品生产加工活动的国有企业、集体企业、私营企业、三资企业，以及个体工商户、具有独立法人资格企业的分支机构和其他从事食品生产加工经营活动的每个独立生产场所，都必须申请《食品生产许可证》。

2004年开始对大米等5类食品未取得食品生产许可证的生产企业进行查处。

2005年7月1日开始对肉制品等10类食品未取得食品生产许可证食品生产企业进行查处。

2007年1月1日开始对糖果制品等13类食品未取得食品生产许可证生产企业进行查处。

根据国家质检总局安排，从2008年1月1日起，被列入第一批实施市场准入制度管理的食品用塑料包装、容器、工具等制品目录中的39种产品，须获得生产许可证并标注“QS”标志方可上市销售或使用。

食品质量安全市场准入制度基本内容包括以下3项制度：

(1)食品生产许可证制度

食品生产许可证制度是工业产品许可证制度的一个组成部分,旨在控制食品生产加工企业的生产条件,防止因食品原料、包装问题或生产加工、运输、储存过程中带来的污染对人体健康造成任何不利的影响。生产食品企业必须获得国家颁发的食品生产许可证,凡不具备保证产品质量必备条件的,不得从事食品生产加工。

(2)强制检验制度

要求食品企业必须检验其生产的食品,履行法律义务确保出厂销售的食品检验合格,不合格的食品不得出厂销售。质监部门对获证企业产品实行定期监督检验,对检验不合格的产品实行严加检验。

(3)市场准入标志(即 QS 标志)制度

企业在取得"食品生产许可证"后,直接将 QS 标志印刷在食品最小销售单元的包装和外包装上,以便于消费者识别。对检验合格的食品加贴市场准入标志,向社会做出"质量安全"承诺。

QS 标志只是实行食品市场准入制度的一个方面,它代表 3 个内容:

(1)企业声明

该企业获得食品生产许可证,该产品经过国家核定,有市场准入资格。

(2)企业证明

这个产品是经过检验合格的产品。

(3)企业承诺

食用该产品出现质量问题,企业承担法律责任。

因此,消费者在购买产品时只要购买加贴有 QS 标志的产品,就是获得国家认定的放心食品。

4.1.2 产品种类和认证单元

产品种类是指实施食品生产许可证管理的产品种类,如大米、肉制品和饮料等。

认证单元(即申请认证的单元)是指在产品种类内,生产工艺、生产设备、检验手段等生产条件相近的产品组。

4.1.3 实行食品质量安全市场准入制度的意义

(1)是提高食品质量、保证消费者安全健康的需要

食品是一种特殊商品,它最直接的关系到每一个消费者的身体健康和生命安全。近年来,产品抽样合格率不高,假冒伪劣产品屡禁不止,因食品质量安全问题造成的中毒及伤亡事故屡有发生,已经影响到人民群众的安全和健康,为从食品生产加工的源头上确保食品质量安全,必须制定一套符合社会主义市场经济要求、运行有效、与国际通行做法一致的食品质量安全监督制度,市场准入制度是在这样一个背景中产生的。

(2)是保证食品生产加工企业的基本条件,强化食品生产法制管理的需要

我国食品工业的生产技术水平与国际还有较大差距。大多数食品生产加工企业规模极

小,加工设备简陋,环境条件很差,技术力量薄弱,质量意识淡薄,难以保证食品的质量安全。近年来,根据国家质检总局专项调查结果显示,存在很多食品生产企业产品出厂不检验;管理混乱,添加剂滥用,原料采购随意等现象。企业是保证和提高产品质量的主体,市场准入制度是规范食品质量实体——食品生产企业的一套完整的制度,能够实现食品生产法制管理的效果。

(3)是适应改革开放,创造良好经济运行环境的需要

在我国的食品生产加工和流通领域中,降低标准、偷工减料、以次充好、以假充真等违法活动时有发生。为了规范市场经济秩序,维护公平竞争,适应加入 WTO 以后我国社会经济进一步开放的形势,保护消费者的合法权益,也必须实行食品质量安全市场准入制度。

4.2 食品生产许可审核依据

4.2.1 《食品生产加工企业质量安全监督管理实施细则(试行)》

《食品生产加工企业质量安全监督管理实施细则(试行)》(国家质检总局 79 号令)经 2005 年 8 月 31 日国家质量监督检验检疫总局局务会议审议通过,现予公布,自 2005 年 9 月 1 日起施行。其学习索引详见表 4.1。

表 4.1 《食品生产加工企业质量安全监督管理实施细则(试行)》学习索引

序　号	学习索引
第一章	总则
第二章	食品生产加工企业必备条件
第三章	食品生产许可
第四章	食品质量安全检验
第五章	食品质量安全市场准入标志与食品生产许可证证书
第六章	食品质量安全监督
第七章	核查人员和检验人员
第八章	法律责任
第九章	附则

注:请认真学习该文件。

4.2.2 《食品生产许可审查通则》

2010 年国家质量监督检验检疫总局发布了《食品生产许可审查通则》(2010 版),该审查通则是食品生产许可证现场审查的依据。其具体内容见表 4.2。

表 4.2 《食品生产许可审查通则》(2010 版)学习索引

序　号	学习索引
1	1. 目的
	2. 法律依据
2	1. 食品生产加工企业的定义
	2. 应与《审查细则》一起使用
3	食品生产加工企业必备的条件
4	食品生产加工企业在申办生产许可证时,提交的材料
5	实施食品生产加工企业必备条件核查工作应当遵循的要求
6	食品质量安全检验工作应当遵循的要求
7	本通则由国家质量监督检验检疫总局负责解释

注:请认真学习该文件。

4.2.3 《生产许可证审查细则》

目前已经发布的《生产许可证审查细则》有 73 个,以婴幼儿配方乳粉生产许可证审查细则(2013 版)为例进行讲解。该审查细则的内容见表 4.3。

表 4.3 《方便食品生产许可证审查细则(2006 版)学习索引

序　号	学习索引	内　容
一	适用范围	
二	生产许可条件审查	(一)管理制度审查
		(二)场所核查
		(三)设备核查
		(四)设备布局、基本工艺流程、关键控制点及清场要求
		(五)人员核查
三	生产许可产品检验	(一)抽样和封样
		(二)检验项目
四	其他要求	

可见审查细则无论对于现场核查还是指导食品生产加工企业规范生产经营都具有很好的价值。

4.3 食品生产许可硬件要求

4.3.1 食品企业设立的基本条件

依据79号令中第二章第九条“食品生产加工企业应当符合法律、行政法规及国家有关政策规定的企业设立条件”。

企业整改措施:必须具有有效的资质证明。

必备材料:《食品卫生许可证》、《营业执照》、废水、废气排放达标的检验报告等。

4.3.2 食品企业的环境和卫生要求

依据79号令中第二章第十条“食品生产加工企业必须具备保证产品质量安全的环境条件”。

企业整改措施:依照本企业相关的卫生规范逐项进行整改。

必备材料:《××××企业卫生规范》《厂区平面布置图》《车间平面布置图》《企业卫生管理制度》和《企业卫生检查记录》。

4.3.3 食品企业的生产设备及相关设施要求

依据79号令中第二章第十一条“食品生产加工企业必须具备保证产品质量安全的生产设备、工艺装备和相关辅助设备。具有与保证产品质量相适应的原料处理、加工、贮存等厂房或者场所。以辐射加工技术等特殊工艺设备生产食品的,还应当符合计量等有关法规、规章规定的条件”。

企业整改措施:企业可以按照《××××食品生产许可证审查细则》规定的必备生产设备进行配备,并对设备进行定期的维护保养,以保证生产质量好、对消费者是安全的合格的产品。设施方面原辅料库、产品库、卫生设施等要与企业的生产规模和能力相适应。

必备材料:《××××食品生产许可证审查细则》《设备管理制度》《设备一览表》《设备保养记录》等。

1)做好硬件配置

①车间至少设两个出入口,做到人货分流。

②车间内至少安装紫外灯。

③成品装入容器的车间至少安装一盏紫外灯。

④原材料和成品仓库应分离。

⑤车间门窗要严密,车间入口、原辅料仓库和产品仓库入口应该设置不低于30 cm的高挡鼠板;车间窗口应有纱网等防蝇虫设施;各车间入口应安置灭蝇灯。

⑥下水道要畅通,不能用明沟,要用暗沟。

⑦缝隙需用水泥、泡沫塑料、橡胶等填充。

2）控制好工人的个人卫生条件

①更衣室的设施要求。根据上班员工数量设置相应数量的衣帽柜和鞋柜，如图 4.2 和图 4.3 所示。

图 4.2　更衣室的鞋柜

图 4.3　更衣室

②洗手室的设施要求，如图 4.4 所示。

图 4.4　洗手消毒室

设计一个洗手池和一个消毒池，放置洗手液和配置消毒液浓度为 100 ppm 的次氯酸钠溶液；根据上班员工数量设置相应数量的非手动开关的水龙头和干手器；设计一个鞋靴消毒池，消毒液浓度为 200 ppm 的次氯酸钠溶液；进人车间前应放置一个洒有消毒水的地毯。

3）食品设备要求

设备中食品接触的表面全部配置不锈钢材料，和食品接触的工器具应该及时清洗消毒。且直接接触食品及原料的设备和容器的结构设计合理，边角圆滑、无死角、不漏隙，便于拆卸，不易积垢，便于清理、消毒。生产过程中禁止使用竹木器具和棉麻制品。

4.3.4　食品生产加工企业的原材料、添加剂质量要求

依据 79 号令中第二章第十二条"食品生产加工企业生产食品所用的原材料、添加剂等应当符合国家有关规定。不得使用非食用性原辅材料加工食品"。

企业整改措施：首先企业要有自己的原材料和添加剂的采购要求（应该识别有关法律、法规的要求），其次要做好合格供方的管理。

准备材料：《食品添加剂卫生规范》（GB 2760）、相应原辅材料卫生标准，《原材料检验作业指导书》《采购管理制度》《供方能力审查表》《合格供方一览表》《采购计划》《采购合同》《进料检验报告》《企业用水的检验报告》等。

4.3.5　食品企业的生产工艺管理要求

依据 79 号令中第二章第十三条"食品加工工艺流程应当科学、合理，生产加工过程应当严格、规范，防止生物性、化学性、物理性污染以及防止生食品与熟品、原料与半成品、成品、陈

旧食品与新鲜食品等的交叉污染”。

企业整改措施:生产工艺流程布置时严格按照从生到熟,从原料到成品的顺序将各工序划分开、成品包装和杀菌操作要有严格的卫生保障措施、针对关键控制工序要编写相应的作业指导书。预防生产过程中生物性污染的方法有:生产现场工作环境尤其是空气和水的控制,生产工人的卫生意识和卫生操作等。预防生产过程中化学性污染的方法有:原副材料包括添加剂的控制和有毒、有害化学品的管理。

准备材料:《车间卫生管理制度》《关键工序的作业指导书》《个人卫生检查记录》《有毒、有害化学物品一览表》和《生产工艺流程图》等。

4.3.6 食品企业的产品的质量要求

依据79号令中第二章第十四条“食品生产加工企业必须按照有效的产品标准组织生产。食品质量安全必须符合法律法规和相应的强制性标准要求,无强制性标准规定的,应当符合企业明示采用的标准要求”。

企业整改措施:食品企业的产品生产必须执行相关国家标准、行业标准、地方标准或备案有效的企业标准。

准备材料:国家标准、行业标准、地方标准、备案有效的企业标准、产品检验报告、《定量包装商品计量监督规定》等。

4.3.7 食品企业的人员要求

依据79号令中第二章第十五条“食品生产加工企业负责人和主要管理人员应当了解与食品质量安全相关的法律法规知识,食品企业必须具有与食品生产相适应的专业技术人员、熟练技术工人和质量工作人员。从事食品生产加工的人员必须身体健康、无传染性疾病和影响食品质量安全的其他疾病”。

企业整改措施:一是企业技术人员应该了解公司产品质量安全方面的法律、法规,应该具备一定的知识、检验和技能并能够胜任工作。二是直接从事食品生产加工的人员(包括质量管理人员)必须身体健康,不患有有碍食品安全的疾病。

准备材料:《员工能力一览表》《岗位人员名册》《人员培训管理制度》《年度培训计划》《培训考核记录》《健康证》等。

4.3.8 食品企业的质量检验要求

依据79号令中第二章第十六条“食品生产加工企业应当具有与所生产产品相适应的质量检验和计量检测手段。公司应当具备产品出厂检验能力。检验、检测仪器必须经质量检定合格后方可使用。不具备出厂检验能力的公司,必须委托国家质检总局统一公布的、具有法定资格的检验机构进行产品出厂检验”。

企业整改措施:一是必须具备《食品生产许可证审查细则》具体规定所列出的每一件检验设备。二是检验设备必须经质量检定合格。

准备材料:《检验设备和计量器具一览表》、检验设备和计量器具的检定证书、检验设备和计量器具上应贴“合格证”等。

4.3.9　食品企业的质量管理体系要求

依据79号令中第二章第十七条“食品生产加工企业应当在生产的全过程建立标准体系。实行标准化管理，建立健全企业质量管理体系，实施从原材料采购、产品出厂检验到售后服务全过程的质量管理，建立岗位质量责任制。加强质量考核，严格实施质量否决权。鼓励企业根据国际通行的质量管理标准和技术规范获取质量体系认证或者HACCP认证，提高企业质量管理水平”。

企业整改措施：一是建立岗位质量职责，制订质量负责人，建立质量考核机制，对企业产品生成各个环节建立质量管理体系。二是企业有条件可以按照ISO 9001建立质量管理体系和按照ISO 22000建立食品安全管理体系。

准备材料：组织结构图、岗位质量责任、《质量目标规定》、《质量目标考核办法》或ISO 9001质量管理体系认证证书、ISO 22000食品安全管理体系认证证书等。

4.3.10　食品企业的产品包装要求

依据79号令中第二章第十八条“用于食品包装的材料必须清洁，对食品无污染。食品的包装和标签必须符合相应的规定和要求。裸装食品在其出厂的大包装上能够标注使用标签的，应当予以标注”。

企业整改措施：一是保证包装材料不会对食品造成污染，建立岗位质量职责，制订质量负责人，建立质量考核机制，对企业产品生成各个环节建立质量管理体系。二是食品销售包装上必须有食品标签，并且必须符合《食品安全国家标准　预包装食品标签通则》(GB 7718—2011)。

准备材料：《预包装食品标签通则》(GB 7718—2011)、内、外包装材料的检测报告和包装材料供方的资质证明材料等。

4.3.11　食品企业的产品贮运要求

依据79号令中第二章第十九条“贮存、运输和装卸食品的容器、包装、工具、设备必须安全，保持清洁，对食品无污染”。

企业整改措施：一是做好产品贮存的保管制度，二是做好产品的运输管理，三是做好贮存、运输等设备、工具的清洗消毒工作。

准备材料：成品库管理规定，冷库的卫生管理办法，产品运输要求、运输车清洗消毒规定等。

食品企业必须按照上述11个方面结合企业实际进行认真细致的整改，以达到审查的要求。

4.4 食品生产许可体系文件编写技巧

食品生产许可证申请需要的体系文件有很多,具体见表4.4。

表4.4 食品生产许可证申请体系文件目录

编 号	文件目录	作 用
1	质量手册	规定企业质量管理体系的要求
2	程序文件	规定主要质量安全活动必须经历的步骤
3	部门管理制度	规定各部门的管理要求
4	技术操作规程	规定各技术的操作方法
5	作业指导书	规定关键控制环节的作业要求
6	记录表格	记录体系运行的证据

4.4.1 QS 认证,如何编写质量体系文件

1) QS 体系文件的作用

①QS 文件确定了职责的分配和活动的程序;

②QS 文件是企业内部的“法规”;

③QS 文件是企业开展内部培训的依据;

④QS 文件是 QS 审查的依据;

⑤QS 文件使质量改进有章可循。

2) QS 体系文件的层次

①第一层:QS 质量手册;

②第二层:程序文件;

③第三层:三级文件。

三级文件通常又可分为:管理性第三层文件(如车间管理办法、仓库管理办法、文件和资料编写导则、产品标识细则等)和技术性第三层文件(如产品标准、原材料标准、技术图纸、工序作业指导书、工艺卡、设备操作规程、抽样标准、检验规程等)。(注:表格一般归为第三层文件。)

3) 编写 QS 体系文件的基本要求

①符合性——应符合并覆盖所选标准或所选标准条款的要求。

②可操作性——应符合本企业的实际情况。具体的控制要求应以满足企业需要为度,而不是越多越严就越好。

③协调性——文件和文件之间应相互协调,避免产生不一致的地方。针对编写具体某一文件来说,应紧扣该文件的目的和范围,尽量不要叙述不在该文件范围内的活动,以免产生不一致。

4)编写 QS 体系文件的文字要求

①职责分明,语气肯定(避免用“大致上”“基本上”“可能”“也许”之类词语);

②结构清晰,文字简明;

③格式统一,文风一致。

5)文件的通用内容

①编号、名称;

②编制、审核、批准;

③生效日期;

④受控状态、受控号;

⑤版本号;

⑥页码、页数;

⑦修订号。

6)QS 质量手册的编制

(1)质量手册的结构(手册范例)

——封面

——前言(企业简介,手册介绍)

——目录

1.——颁布令

2.——质量方针和目标

3.——组织机构

3.1——行政组织机构图

3.2——质量保证组织机构图

3.3——质量职能分配表

4.——质量体系要求

4.1——管理职责

——目的

——范围

——职责

——管理要求

——引用程序文件

4.2——质量体系

5.——质量手册管理细则

6.——附录

(2)质量手册内容概述

①封面:质量手册封面。

②企业简介:简要描述企业名称、企业规模、企业历史沿革;隶属关系;所有制性质;主要产品情况(产品名称、系列型号);采用的标准、主要销售地区;企业地址、通讯方式等内容。

③手册介绍:介绍本质量手册所依据的标准及所引用的标准;手册的适用范围;必要时可

说明有关术语、符号、缩略语。

④颁布令:以简练的文字说明本公司质量手册已按选定的标准编制完毕,并予以批准发布和实施。颁布令必须以公司最高管理者的身份叙述,并予亲笔手签姓名、日期。

⑤质量方针和目标:(略)。

⑥组织机构:行政组织机构图、质量保证组织机构图是指以图示方式描绘出本组织内人员之间的相互关系。质量职能分配表是指以表格方式明确体现各质量体系要素的主要负责部门、若干相关部门。

⑦质量体系要求:根据质量体系标准的要求,结合本公司的实际情况,简要阐述对每个质量体系要素实施控制的内容、要求和措施。力求语言简明扼要、精练准确,必要时可引用相应的程序文件。质量手册管理细则:简要阐明质量手册的编制、审核、批准情况;质量手册修改、换版规则;质量手册管理、控制规则等。

⑧附录:质量手册涉及之附录均放于此(如必要时,可附体系文件目录、质量手册修改控制页等),其编号方式为附录A、附录B,以此顺延。

7)程序文件的编制

(1)程序文件描述的内容

程序文件描述的内容通常包括5W1H:开展活动的目的(Why)、范围;做什么(What)、何时(When)、何地(Where)、谁(Who)来做;应采用什么材料、设备和文件,如何(How)对活动进行控制和记录等。

(2)程序文件结构(程序文件范例)

封面

正文部分:

1. 目的
2. 范围
3. 职责
4. 程序内容
5. 质量记录
6. 支持性文件
7. 附录

(3)程序文件内容概述

封面:程序文件封面格式可根据企业自身情况设计。

正文:程序文件正文参考格式见第四章第四节《应急准备和相应控制程序》。

目的:说明为什么开展该项活动。

范围:说明活动涉及的(产品、项目、过程、活动……)范围。

职责:说明活动的管理和执行、验证人员的职责。

程序内容:详细阐述活动开展的内容及要求。

质量记录:列出活动用到或产生的记录。

支持性文件:列出支持本程序的第三层文件。

附录:本程序文件涉及之附录均放于此,其编号方式为附录A、附录B。

4.4.2 QS 认证体系文件

1) QS 认证体系文件目录

QS 认证需要的体系文件有很多,具体见表4.5。

表4.5 QS 认证体系文件目录

编号	文件目录	文件子目录
1	质量方针、质量目标	
2	质量负责人任命书	
3	机构设置	
4	岗位职责	
5	资源的提供与管理	(1)质量有关人员能力要求规定 (2)人员培训管理制度 (3)设备、设施管理规定 (4)检测设备、计量器具管理制度 (5)设备操作维护规程 (6)检测仪器操作规程
6	产品设计	(1)工艺流程图 (2)工艺规程
7	原材料提供	(1)采购管理制度 (2)采购质量验证规程 (3)原辅料、成品仓库管理制度
8	生产过程的质量控制	(1)生产过程的质量控制制度 (2)关键工序管理制度
9	产品质量检验	(1)检验管理制度 (2)产品质量检验规程
10	不合格的管理	(1)不合格管理办法 (2)不合格品管理制度
11	技术文件管理制度	
12	卫生管理制度	
13	质量记录	

2) 编制《质量手册》

QS 质量手册是按照食品质量安全市场准入审查通则的要求,在总体上描述企业产品质量方针和质量体系的通用文件。它是企业为实现其质量方针和质量目标的需要,建立和实施质量体系所编制的质量手册,其内容包括前言、术语、质量手册的管理、质量方针、组织机构图、质量管理体系结构图、组织领导、质量目标、管理职责、厂区要求、车间要求、库房要求、生产设备人员要求、技术标准、工艺文件、文件管理、采购制度、采购文件、采购验证、过程管理、质量控制、产品防护、检验设备、检验管理、过程检验及出厂检验等。

质量手册的结构（手册范例）：

封面

前言（企业简介，手册介绍）

目录

1. 颁布令

2. 质量方针和目标

3. 组织机构

3.1 行政组织机构图

3.2 质量保证组织机构图

3.3 质量职能分配表

4. 质量体系要求

4.1 管理职责

——目的

——范围

——职责

——管理要求

——引用程序文件

4.2 质量体系

5. 质量手册管理细则

6. 附录

质量手册内容概述如下：

封面：质量手册封面。

企业简介：简要描述企业名称、企业规模、企业历史沿革；隶属关系；所有制性质；主要产品情况（产品名称、系列型号）；采用的标准、主要销售地区；企业地址、通讯方式等内容。

手册介绍：介绍本质量手册所依据的标准及所引用的标准；手册的适用范围；必要时可说明有关术语、符号、缩略语。

颁布令：以简练的文字说明本公司质量手册已按选定的标准编制完毕，并予以批准发布和实施。颁布令必须以公司最高管理者的身份叙述，并予亲笔手签姓名、日期。

质量方针和目标：（略）。

组织机构：行政组织机构图、质量保证组织机构图是指以图示方式描绘出本组织内人员之间的相互关系。质量职能分配表是指以表格方式明确体现各质量体系要素的主要负责部门、若干相关部门。

质量体系要求：根据质量体系标准的要求，结合本公司的实际情况，简要阐述对每个质量体系要素实施控制的内容、要求和措施。力求语言简明扼要、精练准确，必要时可引用相应的程序文件。

质量手册管理细则：简要阐明质量手册的编制、审核、批准情况；质量手册修改、换版规则；质量手册管理、控制规则等。

附录:质量手册涉及之附录均放于此(如必要时,可附体系文件目录、质量手册修改控制页等),其编号方式为附录 A、附录 B,以此顺延。

4.5 食品生产许可证申请方法

食品生产许可证申请需要经过有关部门的审查,通过申报审查程序才能获得食品生产许可证,其申请程序主要包括以下主要内容。

具体申请程序如图 4.5 所示。

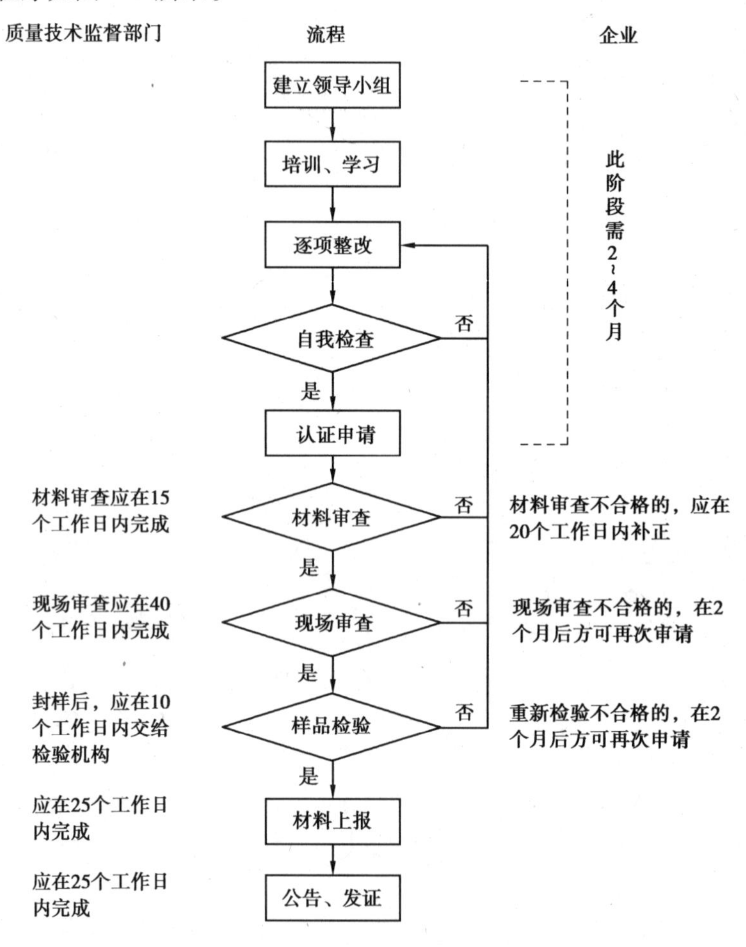

图 4.5　食品生产许可证申请流程图

4.5.1 食品企业食品生产许可证申请准备阶段

1) 建立食品企业食品生产许可证申请工作领导小组

为了保证企业一次性通过食品生产许可证申请,企业可成立食品生产许可证申请领导小组来全面负责食品生产许可证申请的准备和申报工作。该小组应该由企业最高管理者任组长,为食品生产许可证申请的各项工作提供领导保证,组员由各部门的负责人(如品质主管、技术主管、生产主管、采购主管、仓库主管)构成,以保证整个食品生产许可证申请工作的执行效果。

2)食品生产许可证申请相关文件和政策的培训

领导小组成立后,小组可聘请专家在企业各个部门进行食品生产许可证申请相关文件和政策的培训。培训的内容包括《食品生产加工企业质量安全监督管理实施细则(试行)》(国家质检总局79号令)、《××××食品生产许可证审查细则》、《××××企业卫生规范》和《食品生产加工企业必备条件现场审查表》等。

4.5.2 食品企业内部整改阶段

食品生产许可证申请工作领导小组按照食品生产许可证审查细则的有关要求进行硬件和软件方面的内部整改(具体的内部整改方法详见本章4.3节)。内部整改结束后进入企业食品生产许可证申请阶段。

4.5.3 食品企业办理食品生产许可证申请阶段

1)申请

食品生产加工企业到当地的地市级质量技术监督部门进行食品生产许可证申报工作,申报时须提交以下材料:

①《食品生产许可证申请表》(一式两份,公章复印无效);

②企业营业执照、食品卫生许可证、企业代码证复印件各1份;

③企业厂区布局图、生产工艺流程图(需标注关键设备和参数)各1份;

④经质量技术监督部门备案的企业产品标准1份(无企业标准,而执行国家标准、行业标准、地方标准的企业,提供所执行的标准即可);

⑤企业质量管理文件1份(包括《食品QS质量手册》和各项管理制度,装订成册);

⑥电子版的、填写完整的《食品生产许可证申请表》。

2)材料审查

质量技术监督部门接到企业申请后,15个工作日会完成申请材料的书面审查。如果书面审查符合要求的,质量技术监督部门发给企业《食品生产许可证受理通知书》;如果书面审查不符合要求的,质量技术监督部门通知企业在20个工作日内补正。

3)现场审查

质量技术监督部门在发给企业《食品生产许可证受理通知书》后的40个工作日内安排审查组对企业进行现场审查。

现场审查的依据:一是国家质检总局发布的《食品生产加工企业必备条件现场审查表》,二是相关食品生产许可证审查细则。

现场审查的5个基本程序:

①召开首次会议,审查组组长主持,审查组全体人员及被审查企业的领导和有关人员参加,说明本次审查的日程安排等事项。

②现场审查时,审查组成员按照分工同时开展工作。

③产品抽样一般在成品仓库内进行，审查组填写产品抽样单，并将样品封好，由企业或审查组在10个工作日内安全送到指定的质检机构。

④审查组会议编写审查报告和审查结论。

⑤末次会议审查组组长主持，审查组全体人员及被审查企业的领导和有关人员参加，指出现场审查中发现的不符合项目，向企业提出改进建议。

现场审查时间不超过两天。

现场审查实行审查组长负责制。

审查结论由审查组长在审查报告上做出，结论为“合格”或“不合格”。

如果现场审查不合格，质量技术监督部门应向企业发出《食品生产许可证审查不合格通知书》，并说明理由，企业原《食品生产许可证受理通知书》自行作废。企业自接到《食品生产许可证审查不合格通知书》之日起，2个月后才能再次提出取证申请。

4）产品检验

食品企业现场审查结论为“合格”时，由审查组在企业成品库中随机抽取所受理的产品的样本，在10个工作日送至有资质的产品质量检验部门进行产品检验。

企业样品准备：企业应在现场审查前准备好相应的产品，准备数量应该不小于产品的《审查细则》规定的抽样基数。企业在现场审查前建议按照所申证产品《审查细则》的发证检验项目进行全项自检或委外检验以确保自己的产品是合格的。

检验机构应当在收到样品之日起15个工作日内完成检验任务。

如果样品检验不合格，质量技术监督部门将结果通知企业。企业对检验结果有异议的，可以向质量技术监督部门要求复检。复检使用企业保留的那份样品，需要注意的是，样品应保持无破损、无变质、封条完整。

复检合格的，可以上报发证；复检仍不合格的，企业自接到复检不合格通知之日起，2个月后才能要求重新抽样，并呈交书面整改报告。质量技术监督部门需安排重新抽样和重新检验，不需再次对企业进行现场审查。

重新检验仍不合格的，企业自接到重新检验不合格通知之日起，2个月后才能再次提出取证申请。质量技术监督部门需再次进行现场审查。

5）公告、发证

获证企业由国家质检总局通过其官方网站（http://www.aqsiq.gov.cn/）进行公告。

省级质量技术监督部门在接到国家质检总局批准意见后，各省质量技术监督局监督处在15个工作日内完成发放食品生产许可证及副本工作。

6）申办费用

企业申办食品生产许可证需要交纳的费用有以下3种：

①审查费每个企业每次审查一个认证单元收取2 200元，每次审查增加一个认证单元增收440元。此费用在申请时向受理申请的质量技术监督部门交付。

②公告费每个认证单元收取400元。此费用在申请时向受理申请的质量技术监督部门交付。

③产品质量检验费因各种产品的检验项目不同和各省经济发展水平不同也有差异。

4.6 迎接食品生产许可(QS)现场核查方法

根据食品质量安全市场准入制度的规定,对企业申证材料书面审查合格的食品企业,审查组应按照食品生产许可证审查规则,在40个工作日内完成对企业必备条件的QS现场审查,对QS现场审查合格的企业,由审查组现场抽样和封样。

企业QS现场审查工作,是审查组对材料审查合格后的食品企业开展的下一项工作。审查组应当自《食品生产许可证受理通知书》发出之日起40个工作日内,依据食品生产许可证审查规则按时完成企业必备条件的现场审查。

4.6.1 食品质量安全市场准入审查规则

食品质量安全市场准入审查通则是审查组对食品生产加工企业保证产品质量必备生产条件QS现场审查活动的工作依据。在企业QS现场审查中,审查员应同时使用《审查通则》和某一个《审查细则》,以完成对某一类食品生产企业的质量安全市场准入审查。

4.6.2 现场审查工作程序

企业QS现场审查工作过程主要有:召开预备会议、召开首次会议、进行现场审查、审查组内部会议、召开末次会议5个步骤。

1)预备会议

到食品企业进行现场审查之前,审查组长需召开一次审查预备会议,也称"碰头会"。审查预备会议可以在前往企业现场审查之前召开,还可以在现场审查的路上(汽车上、火车上等)召开,还可以到企业后先抽10分钟召开个预备会。

预备会议的主要内容就是介绍企业情况,进行现场审查分工,明确审查重点,重申审查工作纪律等,以及相互进行一些沟通和交流。

2)首次会议

召开首次会议,是审查组进入企业进行现场审查的第一项正式活动,也是现场审查活动的正式开始。

首次会议由审查组长主持召开,会议一般不超过30分钟。首次会议应当在融洽、坦诚、务实的气氛中召开,不要以审问与被审问,找问题与规避问题的形式召开。

首次会议的参加人员为审查组的全体成员,包括各级质量技术监督部门派来的观察员、受审查企业的领导、有关职能部门的负责人等。

首次会议的主要内容如下:

①介绍审查组成员的身份和工作单位,以及随同审查的观察员身份;

②说明现场审查的依据(即食品质量安全市场准入审查规则)与审查的范围;

③宣布审查进度和审查员分工;

④说明现场审查的基本做法是采取随机抽样的方法,其有一定的风险性;

⑤承诺保密原则,承诺不将受审企业的技术、商业秘密透露给第三方;

⑥企业介绍准备工作情况;

⑦企业落实审查陪同人员;

⑧澄清疑问;

⑨审查组长宣布首次会议结束。

3)现场审查

首次会议结束后,审查组成员按审查分工和审查进度安排,开始现场审查工作。例如,对于第二批新10类食品(肉制品、乳制品、饮料、调味品(糖、味精)、方便面、饼干、罐头、冷冻饮品、速冻面米食品、膨化食品)和第三批新13类食品(糖果制品、茶叶、葡萄酒及果酒、啤酒、黄酒、酱腌菜、蜜饯、炒货食品、蛋制品、可可制品、焙炒咖啡、水产加工品、淀粉及淀粉制品)等食品生产企业的现场审查,主要依据《关于印发〈食品质量安全市场准入审查通则〉的通知》(国质检监函〔2003〕515号)和《关于印发肉制品等10类食品生产许可证审查细则的通知》(国质检监函〔2003〕516号)及《关于印发糖果制品等13类食品生产许可证审查细则的通知》(国质检监函〔2004〕557号)文件进行。

现场审查的审查进度依照《关于印发〈食品质量安全市场准入审查通则〉的通知》(国质检监函〔2003〕515号)中的《食品生产加工企业必备条件现场审查表》进行,如果受审查企业基本符合《食品生产加工企业必备条件现场审查表》规定的要求,便可以通过现场审查,审查组需在《食品生产加工企业必备条件现场审查表》后面的《食品生产加工企业必备条件现场审查报告》上给受审查企业开出审查合格的现场审查结论。反之,则开出企业现场审查不合格的审查结论。

审查组对食品企业进行现场审查,企业应该配备相应的陪同人员。企业陪同人员的职责和作用是:向导、联络、见证。审查组审查出企业有不合格项时,有企业陪同人员在场,便于企业对不合格事实的确认。

现场审查主要是寻找企业符合要求的证据。其方法主要为"问、看、查"。

"问",就是面谈、交谈。审查员与企业人员面谈时,应和蔼、耐心,切忌态度死板生硬,不要增加被谈话人员的心理压力。在提问时,应掌握主导性,但绝不能诱导对方。

"看",就是查看文件、记录等。审查员不仅要会查看文件、记录的真实性,是否与企业实际情况相符合,还应会查看文件、记录的合理性和科学性。

"查",就是观察。审查员应对现场的生产设备、出厂检验设备以及现场生产控制等情况进行仔细查看,以便获得真实可靠的现场审查信息。

一般来说,在现场审查中"问、看、查"三大方法的使用比例为:"问"约占50%,"看"约占30%,"查"约占20%。

企业现场审查的方式,主要有要素审查和部门审查两种:

(1)要素审查

要素审查就是按审查规则、审查规范上的条款要求,逐条逐款地进行审查。一个条款往往会涉及两个以上的部门,审查员按要素审查,往往要反复前往各个部门审查。

这种审查方式的优点是:简便易行,清晰完整。容易体现企业实际状况与审查规则、审查规范的符合性。其缺点是:反复跑路,审查效率比较低。如果企业规模比较大,各部门、车间相距比较远,就更难在较短的时间里完成现场审查任务。如果要采用此审查方法,就要注意如何合理安排现场审查路线。

(2)部门审查

部门审查就是以部门为中心,根据一个部门所涉及的各个有关条款要求,对部门进行综合审查。

这种审查方式的优点是:审查效率高,审查对象明确。其缺点是:审查内容不连贯、比较分散。

QS认证现场核查人员对食品生产加工企业必备条件进行审查评价的工具是《食品生产企业保证产品质量安全必备条件现场审查表》。

《食品生产企业保证产品质量安全必备条件现场审查表》按质量管理职责、生产资源提供、技术文件管理、采购质量控制、过程质量管理、产品质量检验6个部分(共46个审查内容)进行审查评价。6个部分中的每一个审查内容都有"合格""一般不合格""严重不合格"3种审查评定结论。其中,"一般不合格"是指企业出现的不合格是偶然的、孤立的、性质轻微的不合格。"严重不合格"是指企业出现了区域性的或系统性的不合格,或是性质严重的不合格。

审查结束后需填写《食品生产企业保证产品质量安全必备条件现场审查报告》,其中,审查结论为:合格或不合格,同时说明企业是否具备自我出厂检验能力。审查结论的确定原则是:

①企业存在1项以上(含1项)严重不合格项或存在8项以上(含8项)一般不合格项,审查结论确定为"不合格";

②企业不存在严重不合格项,其所存在的一般不合格项少于8项,审查结论确定为"合格"。

现场审查为合格时,审查组按照食品产品相应的《审查细则》规定进行抽样。

4)内部会议

内部会议即指审查组自己召开的内部会议。内部会议通常在现场审查工作完成后召开,如在现场审查过程中遇到一些特殊问题,也可以随时召开。

召开审查组内部会议,主要是审查组成员相互介绍本人现场审查情况,共同讨论审查出的不合格项的性质及确定审查报告的结论。对内部会议中有争议、不能取得一致意见的问题,由审查组长向委派审查组的质量技术监督部门进行汇报。

5)末次会议

审查组内部会议开过之后,审查组长负责召开末次会议。末次会议是宣布现场审查结论的会议。末次会议的参加人员基本上与首次会议的人员一致,企业可以增加一些人员来参加末次会议。

末次会议由审查组长主持,主要内容有:

①审查组成员向企业通报现场审查情况;

②审查组长宣布《食品生产加工企业必备条件现场审查报告》;

③受审查的企业领导表态,有关人员发言;

④提出企业不合格项改进及跟踪验证要求;

⑤审查组对企业表示感谢,宣布末次会议结束。

至此,企业现场审查工作全部结束。

实训1　查询酸奶企业食品生产许可的国家规定

实训目标:通过实训教学,学习食品生产许可证法规及乳制品企业相关标准,培养学生具备通过网络查询酸奶企业食品生产许可国家规定的能力。

实训组织:

学习形式:班级分组进行查询学习。

(一)小组讨论,制订工作方案、确定人员分工。

学生分组,安排学生利用网络查询酸奶企业食品生产许可国家规定。

实训方案设计表

组　长		组　员			
学习项目					
学习时间		地　点		指导教师	
查阅资料					
注意事项					

①《食品生产加工企业质量安全监督管理实施细则(试行)》(国家质量监督检验检疫总局令〔2005〕79号)。

学习重点:第一章　总则,第二章　食品生产加工企业必备条件,第五章　食品质量安全市场准入标志与食品生产许可证证书,第六章　食品质量安全监督及其他章节相关内容。

②《乳制品企业良好生产规范》(GB 12693—2010)是乳制品企业必须执行的生产规范,乳制品企业必须认真落实。

③《预包装食品标签通则》(GB 7718—2004)。

成立《食品生产加工企业质量安全监督管理实施细则》研究小组、《乳制品企业良好生产规范》(GB 12693—2010)研究小组、《预包装食品标签通则》(GB 7718—2004)研究小组。

实训方案设计表

组　别	研讨内容	小组名单	成员分工
1	《食品生产加工企业质量安全监督管理实施细则》		
2	《乳制品企业良好生产规范》(GB 12693—2010)		
3	《预包装食品标签通则》(GB 7718—2004)		

(二)每组同学利用网络平台、图书馆等渠道收集整理乳制品生产企业质量管理体系相关的标准。

(三)小组学习讨论后,以组为单位制作幻灯片。

(四)每组选择一名代表进行小组汇报。同时对其他同学进行培训,汇报采用组长负责制,汇报过程中小组成员可以进行补充汇报,汇报完小组接受班级同学的答辩。

评价与反馈:

考核评价表

学生姓名	理解的准确性（30分）	交流时的逻辑性（30分）	回答质疑的准确性（20分）	其 他（20分）

自我总结与反思:

学习完本学习任务后,请你参阅有关资料,思考并总结下列问题。

如何开展乳制品企业食品生产许可证申请?

拓展学习:

1. 总结自己学习中还需解决的问题。

2. 结合乳制品企业,查阅其他加工企业申请食品生产许可证需学习的标准和法规。

实训2 提供乳品企业食品生产许可的审核依据

实训目标:通过实训教学,学习乳制品生产企业审核依据,培养学生具备通过网络查询乳品企业审核依据的能力。

实训组织:

学习形式:班级分组进行查询学习。

(一)小组讨论,制订工作方案、确定人员分工。

学生分组,安排学生利用网络查询酸奶企业食品生产许可国家规定。

实训方案设计表

组 长		组 员			
学习项目					
学习时间		地 点		指导教师	
查阅资料					
注意事项					

1. 学习法律法规

(1)《食品质量安全市场准入审查通则》

学习重点:全文。

(2)《乳制品生产许可证审查细则》

学习重点:乳制品企业审查的具体要求。

(3)乳制品企业的其他相关要求

2. 学习相关标准

①《巴氏杀菌乳》(GB 5408.1—1999);《灭菌乳》(GB 5408.2—1999)及《食品安全国家标准　灭菌乳》(GB 25190—2010);《酸牛乳》(GB 2746—1999);《食品安全国家标准　发酵乳》(GB 19302—2010);《食品安全国家标准　巴氏杀菌》(GB 19645—2010)备案有效的企业标准。

②《危害分析与关键控制点(HACCP)体系》(GB/T 27342—2009)乳制品生产企业要求。

③《食品安全国家标准　食品微生物学检验　乳与乳制品检验》(GB 4789.18—2010)。

3. 成立研究小组

成立《食品质量安全市场准入审查通则》研究小组、《乳制品生产许可证审查细则》研究小组、乳制品相关标准研究小组。

实训方案设计表

组　别	研讨内容	小组名单	成员分工
1	《食品质量安全市场准入审查通则》		
2	《乳制品生产许可证审查细则》		
3	乳制品相关标准		

(二)每组同学利用网络平台、图书馆等渠道收集整理乳制品生产企业审核相关的标准。

(三)小组学习讨论后,以组为单位制作幻灯片。

(四)每组选择一名代表进行小组汇报。同时对其他同学进行培训,汇报采用组长负责制,汇报过程中小组成员可以进行补充汇报,汇报完小组接受班级同学的答辩。

评价与反馈:

考核评价表

学生姓名	理解的准确性(30分)	交流时的逻辑性(30分)	回答质疑的准确性(20分)	其　他(20分)

自我总结与反思:

学习完本学习任务后,请你参阅有关资料,思考并总结下列问题。

如何提供酱腌菜加工企业审核依据?

拓展学习:

1. 总结自己学习中还需解决的问题。

2. 结合乳制品企业,查阅其他加工企业申请食品生产许可证审核的依据。

实训3 为一个酸奶企业食品生产许可绘制《周围环境图》《厂区平面图》《车间平面图》

实训目标：通过实训教学，培养学生具备为北京市某酸奶生产企业食品生产许可绘制《周围环境图》《厂区平面图》《车间平面图》的能力。

实训组织：

学习形式：现场调查。

（一）小组讨论，制订调查方案、确定人员分工。

学生分组，选取一家北京市某酸奶生产企业，安排学生制订食品企业厂区调查方案。

实训方案设计表

组　长		组　员			
企业名称					
调查时间		地　点		指导教师	
调查内容					
成员分工					
注意事项					

（二）实施现场调查。按照设计方案，分组对酸奶生产企业进行厂区平面调查。

（三）为生产企业食品生产许可绘制《周围环境图》《厂区平面图》《车间平面图》。

（四）小组学习讨论后，以组为单位制作幻灯片。

（五）每组选择一名代表进行小组汇报。同时对其他同学进行培训，汇报采用组长负责制，汇报过程中小组成员可以进行补充汇报，汇报完小组接受班级同学的答辩。

评价与反馈：

考核评价表

学生姓名	理解的准确性（30分）	交流时的逻辑性（30分）	回答质疑的准确性（20分）	其　他（20分）

自我总结与反思：

学习完本学习任务后，请你参阅有关资料，思考并总结下列问题。

如何开展编制一套果酱加工企业食品生产许可体系文件？

拓展学习：

1. 总结自己学习中还需解决的问题。

2. 结合乳制品企业，绘制其他加工企业平面图。

实训4　编制一套酸奶企业食品生产许可体系文件

实训目标：通过实训教学，通过查阅资料编写乳制品企业QS文件，使学生掌握QS文件的编制方法，具备编制一套酸奶企业食品生产许可体系文件的能力。

实训组织：

学习形式：班级分组进行查询学习。

（一）小组讨论，制订工作方案、确定人员分工。

学生分组，安排学生利用网络查询酸奶企业食品生产许可国家规定。

食品企业体系文件编制方案设计表

组　长		组　员			
学习项目					
学习时间		地　点		指导教师	
查阅资料					
注意事项					

工作准备：学生通过查阅资料和学习以上内容回答以下问题：

1. QS体系文件的基本内容有哪些？

2. 简述QS质量管理手册的作用。

3. 如何编写QS质量体系文件？有哪些编写要求？

编制QS体系文件清单

序　号	文件名称	组　长	成员分工
1	食品QS手册		
2	程序文件		
3	各种作业文件及操作规程		

（二）每组同学利用网络平台、图书馆等渠道收集整理乳制品生产企业食品生产许可体系文件。

（三）小组学习讨论后，以组为单位制作幻灯片。

（四）每组选择一名代表进行小组汇报。同时对其他同学进行培训，汇报采用组长负责制，汇报过程中小组成员可以进行补充汇报，汇报完小组接受班级同学的答辩。

评价与反馈:

考核评价表

学生姓名	编写内容的规范性（20分）	内容的正确性（20分）	回答质疑的准确性（10分）	QS体系文件编写（50分）

自我总结与反思:

学习完本学习任务后，请你参阅有关资料，思考并总结下列问题。

QS体系文件包括哪些?

拓展学习:

根据乳制品企业QS体系的编写，尝试编写肉制品企业QS体系文件。

实训5 填写酸奶企业《食品生产许可证申请书》

实训目标:通过实训教学，使学生能够学会《食品生产许可证申请书》的填写方法。

实训组织:

学习形式:班级分组进行查询学习。

(一)小组讨论，制订工作方案、确定人员分工。

1.复习食品生产加工企业申办《食品生产许可证》的基本条件和相关程序。

2.学生分组，安排学生利用网络搜索到某食品企业《食品生产许可证申请书》示例，熟悉《食品生产许可证申请书》的基本结构和内容。

《食品生产许可证申请书》编制方案设计表

<table>
<tr><td>组　长</td><td></td><td>组　员</td><td colspan="3"></td></tr>
<tr><td>学习项目</td><td colspan="5"></td></tr>
<tr><td>学习时间</td><td></td><td>地　点</td><td></td><td>指导教师</td><td></td></tr>
<tr><td>查阅资料</td><td colspan="5"></td></tr>
<tr><td>注意事项</td><td colspan="5"></td></tr>
</table>

(二)指导学生学习《食品生产许可证申请书》有关填写说明。

(三)填写学生喜欢的某种食品生产企业的《食品生产许可证申请书》。

(四)在课堂上组织学生进行交流和讨论，指导教师根据学生填写情况进行点评和再辅导。

(五)每位学生根据实训内容，完成《食品生产许可证申请书》的填写。

评价与反馈：

考核评价表

学生姓名	填写的规范性 (20 分)	内容的正确性 (20 分)	回答质疑的准确性 (10 分)	许可证填写 (50 分)

自我总结与反思：

学习完本学习任务后，请你参阅有关资料，思考并总结下列问题。

《食品生产许可证申请书》的填写有哪些注意事项？

拓展学习：

根据乳制品企业《食品生产许可证申请书》编写，尝试编写肉制品企业《食品生产许可证申请书》文件。

实训 6　模拟进行酸奶企业必备条件现场审核

实训目的：通过实训教学，使高职学生能够参照食品质量安全市场准入审查通则的要求对食品生产企业必备条件进行现场模拟审查。

实训组织：

学习形式：班级分组进行模拟审核。

工作准备：学生通过查阅资料和学习以上内容回答以下问题：

1. 现场审查的依据是什么？
2. 现场审查包括哪些步骤？工作如何开展？
3. 现场审查过程中，“首次会议”的基本内容是什么？
4. 现场抽样是如何规定的？
5.《食品生产企业保证产品质量安全必备条件现场审查表》包括哪几个方面的基本内容？
6. 如何理解 QS 标志与产品质量检验合格证二者的关系？
7. 食品生产加工企业在其生产的食品上使用 QS 标志，必须符合哪些条件？

计划实施：

(一)分组讨论，制订工作方案、确定人员分工。

将学生分为两组，分别扮演审查组和乳品加工企业，开展现场模拟审查。

实训方案设计表

组　长		组　员			
学习项目					
学习时间		地　点		指导教师	
查阅资料					
注意事项					

(二)开展现场审查。

按照《食品生产企业保证产品质量安全必备条件现场审查表》和《乳制品食品生产许可证审查细则》对乳品加工企业就质量管理职责、生产资源提供、技术文件管理、采购质量控制、过程质量管理和产品质量检验6个部分46项内容进行企业必备条件进行现场模拟审查,每一项审查内容都有"合格""一般不合格""严重不合格"3种审查评定结论。

(三)指导学生对现场模拟审查确定审查结论。

一般确定审查结论的原则为:

①企业存在1项以上(含1项)严重不合格项或存在8项以上(含8项)一般不合格项,审查结论确定为"不合格";

②企业不存在严重不合格项,且存在的一般不合格项少于8项,审查结论确定为"合格"。

评价与反馈:

考核评价表

学生姓名	审查的规范性(30分)	审查过程的完整性(30分)	结论的准确性(20分)	其　他(20分)

自我总结与反思:

学习完本学习任务后,请你参阅有关资料,思考并总结下列问题。

企业现场审查包括哪些方面?

项目小结

本项目介绍了食品生产许可法律规定、审核依据、申请程序及应对措施,该项技能是食品专业学生核心竞争力的表现。

思考题

1. 什么是食品生产许可?
2. 食品生产许可办理程序是怎样的?
3. 乳制品审查细则是怎样的?

项目 5

ISO 9001质量管理体系

【学习目标】

- 了解质量管理体系认证对食品企业的作用。
- 理解八项原则的深刻内涵和主导思想。
- 掌握食品企业建立质量管理体系的方法、步骤。
- 理解 ISO 9001:2008 标准条款。

【技能目标】

- 学生能够运用八项原则针对企业质量管理体系提出自己的改进意见。
- 学生能够建立与审核质量管理体系,适合食品企业岗位技能需求。

【知识点】>>>

ISO 9001 质量管理体系认证、八项原则、ISO 9001:2008 标准条款。

案例导入

图 5.1 ISO 9001 认证标志

上述标志可以说明什么?它对企业和消费者而言有何重要的价值或意义?

5.1 质量管理体系对食品企业质量管理的价值

5.1.1 ISO 9000 族标准的产生与发展

国际标准化组织(ISO)于1979年成立了TC176,TC176即ISO中第176个技术委员会,全称是"质量保证技术委员会",1987年更名为"质量管理和质量保证技术委员会"。TC176专门负责制定质量管理和质量保证技术的标准。

1)1987 版

TC176最早制定的一个标准是ISO 8402:1986,名为《品质-术语》,于1986年6月15日正式发布。1987年3月,ISO又正式发布了ISO 9000:1987、ISO 9001:1987、ISO 9002:1987、ISO 9003:1987、ISO 9004:1987共5个国际标准,与ISO 8402:1986一起统称为"ISO 9000系列标准"。

2)1994 版

此后,TC176又于1990年发布了1个标准,1991年发布了3个标准,1992年发布了1个标准,1993年发布了5个标准;1994年没有另外发布标准,但是对前述"ISO 9000系列标准"统一作了修改,分别改为ISO 8402:1994、ISO 9000-1:1994、ISO 9001:1994、ISO 9002:1994、ISO 9003:1994、ISO 9004-1:1994,并把TC176制定的标准定义为"ISO 9000族"。1995年,TC176又发布了一个标准,编号是ISO 10013:1995。至今,ISO 9000族一共有17个标准。

对于上述标准,作为专家应该通晓,作为企业,只需选用如下3个标准之一:

①ISO 9001:1994《品质体系设计、开发、生产、安装和服务的品质保证模式》;

②ISO 9002:1994《品质体系生产、安装和服务的品质保证模式》;

③ISO 9003:1994《品质体系最终检验和试验的品质保证模式》。

3)2000 版

为了提高标准使用者的竞争力,促进组织内部工作的持续改进,并使标准适合于各种规模和类型组织的需要,以适应科学技术和社会经济的发展,2000 年 12 月 15 日,ISO/TC176 正式发布了 2000 版 ISO 9000 族标准。包括 4 项核心标准:

①ISO 9000:2000《质量管理体系基础和术语》;

②ISO 9001:2000《质量管理体系要求》;

③ISO 9004:2000《质量管理体系业绩改进指南》;

④ISO 19011:2000《质量和(或)环境管理体系审核指南》。

4)2008 版

为进一步提升服务需求,ISO 9000 标准仍需继续完善,2008 年第四版标准,即 ISO 9000:2008 版正式发布。2008 年发布的 ISO 9001:2008,是因 ISO/TC176/SC2 成员在 2003—2004 年期间实施的对 ISO 9001:2000 标准正式的“系统评审”的结果,“调整研究”识别了修正的需求,确保在明显有利于用户的情况下进行修订。ISO 9001:2008 标准是根据世界上 170 个国家大约 100 万个通过 ISO 9001 认证的组织的 8 年实践,更清晰、明确地表达了 ISO 9001:2008 的要求,并增强与 ISO 14001:2004 的兼容性。ISO 9000:2008 族标准核心标准为下列 4 个:

(1)ISO 9000:2005《质量管理体系——基础和术语》

标准阐述了 ISO 9000 族标准中质量管理体系的基础知识、质量管理八项原则,并确定了相关的术语。

(2)ISO 9001:2008《质量管理体系——要求》

标准规定了一个组织若要推行 ISO 9000,取得 ISO 9000 认证,所要满足的质量管理体系要求。组织通过有效实施和推行一个符合 ISO 9001:2000 标准的文件化的质量管理体系,包括对过程的持续改进和预防不合格,使顾客满意。

(3)ISO 9004:《质量管理体系——业绩改进指南》

标准以八项质量管理原则为基础,帮助组织有效识别能满足客户及其相关方的需求和期望,从而改进组织业绩,协助组织获得成功。

(4)ISO 19011:《质量和环境管理体系审核指南》

标准提供质量和(或)环境审核的基本原则、审核方案的管理、质量和(或)环境管理体系审核的实施、对质量和(或)环境管理体系审核员的资格等要求。

随着 2008 版标准的颁布,世界各国的企业纷纷开始采用新版的 ISO 9001:2008 标准申请认证。

5)2015 版

综观国际的发展趋势,ISO 9000 标准将进一步完善,在更多的国家和地区更广泛的领域中得到推广。按 ISO/TC176 标准发展的战略,2000 版是一次大修订,标准的结构及内容与 1994 版相比有大的变化,2008 版则考虑保持体系实施和认证的稳定,未作大的变动,但为后期修改预留伏笔。目前,ISO/TC176 委员会对 ISO 9001:2008 的修订已进入委员会草稿(CD)阶段,2013 年 6 月 3 日,ISO/TC176/SC2 发布《质量管理体系要求》(ISO/CD 9001—2013),征求意见已于 2013 年 9 月 10 日截止,正式国际标准按计划将于 2015 年发布。

5.1.2 ISO 9001 质量管理体系认证概述

ISO 9001 是 ISO 9000 族标准所包括的一组质量管理体系核心标准之一。ISO 9001 用于证实组织具有提供满足顾客要求和适用法规要求的产品的能力，目的在于增进顾客满意。ISO 9001 是由全球第一个质量管理体系标准 BS 5750（BSI 撰写）转化而来的，ISO 9001 是迄今为止世界上最成熟的质量框架。ISO 9001 不仅为质量管理体系，也为总体管理体系设立了标准。它帮助各类组织通过客户满意度的改进、员工积极性的提升以及持续改进来获得成功。

随着商品经济的不断扩大和日益国际化，为提高产品的信誉、减少重复检验、削弱和消除贸易技术壁垒，维护生产者、经销者、用户和消费者各方权益，这个第三认证方不受产销双方经济利益支配，公证、科学，是各国对产品和企业进行质量评价和监督的通行证；作为顾客对供方质量体系审核的依据；企业有满足其订购产品技术要求的能力。凡是通过认证的企业，在各项管理系统整合上已达到了国际标准，表明企业能持续稳定地向顾客提供预期和满意的合格产品。站在消费者的角度，公司以顾客为中心，能满足顾客需求，达到顾客满意，不诱导消费者。

ISO 9001:2008 标准发布 1 年后，所有经认可的认证机构所发放的认证证书均为 ISO 9001:2008 认证证书；内审员全称叫内部质量体系审核员，通常由既精通 ISO 9001:2008 国际标准又熟悉该企业管理状况的人员担任。按照 ISO 9001:2008 新标准的要求，凡是推行 ISO 9001:2008 新标准的组织每年至少需进行一次内部质量审核，因此，凡是推行 ISO 9001:2008 的组织，通常都需要培养一批内审员。内审员可以由各部门人员兼职担任，因此内审员在一个组织内对质量体系的正常运行和改进起着重要的作用。

5.1.3 实施 ISO 9001 对食品企业质量管理的价值

1）强化品质管理，提高企业效益；增强客户信心，扩大市场份额

负责 ISO 9001 品质体系认证的认证机构都是经过国家认可机构认可的权威机构，对企业的品质体系的审核是非常严格的。这样，对于企业内部来说，在公司顾问指导下，可按照经过严格审核的国际标准化的品质体系进行品质管理，真正达到法治化、科学化的要求，极大地提高工作效率和产品合格率，迅速提高企业的经济效益和社会效益。对于企业外部来说，当顾客得知供方按照国际标准实行管理，拿到了 ISO 9001 品质体系认证证书，并且有认证机构的严格审核和定期监督，就可以确信该企业是能够稳定地提供合格产品或服务，从而放心地与企业订立供销合同，扩大了企业的市场占有率。可以说，在这两个方面都收到了立竿见影的功效。

2）获得了国际贸易绿卡——“通行证”，消除了国际贸易壁垒

许多国家为了保护自身的利益，设置了种种贸易壁垒，包括关税壁垒和非关税壁垒。其中非关税壁垒主要是技术壁垒，技术壁垒中，又主要是产品品质认证和 ISO 9001 品质体系认证的壁垒。特别是在“世界贸易组织”内，各成员国之间相互排除了关税壁垒，只能设置技术壁垒，所以，获得认证是消除贸易壁垒的主要途径。我国“入世”以后，失去了区分国内贸易和国际贸易的严格界限，所有贸易都有可能遭遇上述技术壁垒，应该引起企业界的高度重视，及早防范。

3）节省了第二方审核的精力和费用

在现代贸易实践中，第二方审核早就成为惯例，又逐渐发现其存在很大的弊端：一方面，一个组织通常要为许多顾客供货，第二方审核无疑会给组织带来沉重的负担；另一方面，顾客也需支付相当的费用，同时还要考虑派出或雇佣人员的经验和水平问题，否则，花了费用也达不到预期的目的。唯有 ISO 9001 认证可以排除这样的弊端。因为作为第一方申请了第三方的 ISO 9001 认证并获得了认证证书以后，众多第二方就不必要再对第一方进行审核。这样，不管是对第一方还是对第二方都可以节省很多精力或费用，公司提供专业服务。还有，如果企业在获得了 ISO 9001 认证之后，再申请 UL、CE 等产品品质认证，还可以免除认证机构对企业的质量管理体系进行重复认证的开支。

4）在产品品质竞争中永远立于不败之地

国际贸易竞争的手段主要是价格竞争和品质竞争。由于低价销售的方法不仅使利润锐减，如果构成倾销，还会受到贸易制裁，因此，价格竞争的手段越来越不可取。品质竞争已成为国际贸易竞争的主要手段，不少国家把提高进口商品的品质要求作为限入奖出的贸易保护主义的重要措施。实行 ISO 9001 国际标准化的品质管理，可以稳定地提高产品品质，使企业在产品品质竞争中永远立于不败之地。

5）有效地避免产品责任

各国在执行产品品质法的实践中，由于对产品品质的投诉越来越频繁，事故原因越来越复杂，追究责任也就越来越严格。尤其是近几年，发达国家都在把原有的“过失责任”转变为“严格责任”法理，对制造商的安全要求提高很多。例如，工人在操作一台机床时受到伤害，按“严格责任”法理，法院不仅要看该机床机件故障之类的品质问题，还要看其有没有安全装置，有没有向操作者发出警告的装置等。法院可以根据上述任何一个问题判定该机床存在缺陷，厂方便要对其后果负责赔偿。但是，按照各国产品责任法，如果厂方能够提供 ISO 9000 品质体系认证证书，便可免赔，否则，要败诉且要受到重罚。（随着我国法治的完善，企业界应该对“产品责任法”高度重视，尽早防范。）

6）有利于国际间的经济合作和技术交流

按照国际间经济合作和技术交流的惯例，合作双方必须在产品（包括服务）品质方面有共同的语言、统一的认识和共守的规范，方能进行合作与交流。ISO 9001 质量管理体系认证正好提供了这样的信任，有利于双方迅速达成协议。

7）稳定和提高产品/服务质量，提高整体管理水平

通过贯标与认证，企业对影响产品/服务的各种因素与各个环节进行持续有效的控制，稳定并提高了产品/服务的质量。通过贯标与认证，使企业全体员工的质量意识与管理意识得到增强，促使企业的管理工作中从“人治”转向“法制”，明确了各项管理职责和工作程序，各项工作有章可循，使领导从日常事务中脱身，可以集中精力抓重点工作，通过内部审核与管理评审，及时发现问题，加以改进，使企业建立了自我完善与自我改进的机制。

8）提高企业形象

企业通过 ISO 9001 认证有利于提升公司形象，公司宣传时可以把通过 9001 认证作为一

个业绩,使客户对公司产品质量增加信任度。目前,很多参与投标活动的企业要求必须通过GB/T 19001 质量管理体系认证,否则不允许参与投标等。

5.2 质量管理八项原则

为奠定 ISO 9000 族标准的理论基础,使之更有效地指导组织实施质量管理,使全世界普遍接受 ISO 9000 族标准,ISO/TC176 从 1995 年开始成立了一个工作组,根据 ISO 9000 族标准实践经验及理论分析,吸纳了国际上最受尊敬的一批质量管理专家的意见,用了约两年时间,整理并编撰了八项质量管理原则。其主要目的是帮助管理者,尤其是最高管理者系统地建立质量管理理念,真正理解 ISO 9000 族标准的内涵,提高其管理水平。在 1997 年 9 月 27 日至 29 日召开的哥本哈根会议上,36 个投票国以 32 票赞同、4 票反对通过了该文件,并由 ISO/TC176/SC2/N376 号文件予以发布。同时,ISO/TC176 将八项质量管理原则系统地应用于 2000 版 ISO 9000 族标准中,使得 ISO 9000 族标准的内涵更加丰富,从而可以更有力地支持质量管理活动。

八项管理原则分别简述如下:

1)原则一:以顾客为关注焦点

组织依存于其顾客。因此,组织应理解顾客当前的和未来的需求,满足顾客要求并争取超越顾客期望。

任何组织均提供产品满足顾客的需求,如果没有顾客,组织将无法生存,顾客是每个组织存在的基础。现代市场经济的一个重要特征,就是绝大多数组织所面对的不是卖方市场,而是买方市场,顾客针对自身要求作出购买决策时,对组织的存在发展就有了决定性的意义。顾客之所以购买某种产品或服务,是基于自身的需要,组织要理解这种需要和期望,并针对这种理解和需要来开发、设计、提供产品和服务。因此,任何一个组织均应始终关注顾客,把顾客的要求放在第一位,将理解和满足顾客的要求作为首要的工作考虑来安排所有的活动。还要认识到市场是变化的,顾客是动态的,顾客的需求和期望也是不断发展的。因此,组织要及时地调整自己的经营策略和采取必要的措施,以适应市场的变化,持续地满足顾客不断发展的需求和期望,还应超越顾客的需求和期望,使自己的产品或服务处于领先的地位。

2)原则二:领导作用

领导者确立组织统一的宗旨及方向。他们应当创造并保持使员工能充分参与实现组织目标的内部环境。

一个组织的领导者,即最高管理者,是“在最高层指挥和控制组织的一个人或一组人”,具有决策和领导一个组织的关键性作用。最高管理者的领导作用、承诺和积极参与,对建立并保持一个有效的和高效的质量管理体系并使所有相关方获益是必不可少的。领导作用的重要方面,即在于为组织发展确立方向、宗旨和战略规划,并对此在组织内进行统筹管理和协调,创造一个全体员工都能充分参与实现组织目标的内部氛围和环境。领导者应以既定目标为中心,将员工组织团结在一起,鼓舞和推动员工向既定目标努力前进。为此,领导者应赋予员工职责内的自主权,为其工作提供合适的资源,充分调动员工的积极性,发挥员工的主观能动性,鼓舞、激励员工的士气,增强员工的集体意识,提高员工的工作能力,使员工产生成就感和满足感。

3)原则三:全员参与

各级人员都是组织之本,只有他们的充分参与,才能使他们的才干为组织带来收益。

全体员工是每个组织的基础。组织的质量管理是通过组织内各职能、各层次人员参与实施的,不仅需要最高管理者的正确领导,还有赖于组织的全员参与,过程的有效性直接取决于各级人员的意识、能力和主动精神。为提高质量管理活动的有效性、确保产品质量能满足并超越顾客的需求和期望,就要重视对员工进行质量意识、职业道德、以顾客为关注焦点的意识和敬业精神的教育,激发员工的积极性和责任感。当每个人的积极性、主观能动性、创造性等都能得到充分发挥并能实现创新和持续改进时,组织将会获得最大的收益。以人为本是全员参与的基础和保证。

4)原则四:过程方法

将相关的资源和活动作为过程进行管理,可以更高效地得到期望的结果。

任何利用资源并通过管理,将输入转化为输出的活动,均可视为过程。一个过程的输出可直接形成下一个或几个过程的输入。为使组织有效地运行,必须识别和管理众多相互关联的过程。系统地识别和管理组织所应用的过程,特别是这些过程之间的相互作用,就是"过程方法"。过程方法的目的是获得持续改进的动态循环,并使组织的总体业绩得到显著的提高。组织采用过程方法,是对每个过程考虑其具体的要求,使管理职责、资源管理、产品实现、测量分析的方式和改进活动(质量管理的全部内容)都能相互有机地结合并做出恰当的考虑与安排,从而有效地使用资源、降低成本、缩短周期。在应用过程方法时,必须对每个过程,特别是关键过程的要素进行识别和管理。

5)原则五:管理的系统方法

将相互关联的过程作为系统加以识别、理解和管理,有助于组织提高实现目标的有效性和效率。

"系统"指相互关联或相互作用的一组要素,质量管理体系的构成要素是过程。过程是相互关联和相互作用的,每个过程的结果都在不同程度上影响着最终产品的质量。要想对过程系统地实施控制,确保组织预定目标的实现,就需要建立质量管理体系,运用系统管理方法对各个过程实施控制。系统方法,即以系统地分析有关的数据、资料或客观事实开始,确定要达到的优化目标;然后通过系统工程,设计或策划为达到目标而应采取的各项措施和步骤,以及应配置的资源,形成一个完整的方案;最后在实施中通过系统管理而取得高效性和高效率。在质量管理中采用系统方法,就是要把质量管理体系作为一个大系统,对组织质量管理体系的各个过程加以识别、理解和管理,以达到实现质量方针和质量目标。

6)原则六:持续改进

持续改进整体业绩应当是组织的一个永恒的目标。

持续改进是"增强满足要求的能力的循环活动"。事物是在不断发展变化的,都会经历一个从不完善到完善甚至更新改进的过程,人们对过程结果的要求也在不断地提高,这就要求组织应适应外界环境的这种变化要求,应不断改进其产品质量,提高质量管理体系及过程的有效性和效率,以满足顾客和其他相关方日益增长和不断变化的需求与期望,改过组织的整体业绩。只有坚持持续改进,组织才能不断进步,才能不断提高产品质量,保持较高的稳定的质量水平,在市场竞争中立于不败之地。最高管理者要对持续改进作出承诺,积极推动;全体员工也要积极参与持续改进的活动。持续改进是永无止境的,因此,持续改进应成为每一个组织永恒的追求、永恒的目标、永恒的活动。

7)原则七:基于事实的决策方法

有效决策建立在数据和信息分析基础上。

决策就是针对预定目标,在一定的约束条件下,从各个方案中选出最佳的一个付诸实施。成功的结果取决于活动实施之前的精心策划和正确的决策,决策是组织中各级领导的职责之一,在一定程度上可以认为是管理活动的核心,具有极为重要的地位和作用。有效的决策需要领导者用科学的态度,以充分占有和分析有关信息为基础,作出正确的决断。应充分重视统计分析技术在决策和质量管理中的作用,当输入的信息和数据足够且能准确地反映事物的真实性时,依照这一方法形成的决策方案应是可行或最佳的,是基于事实的有效的决策。

8)原则八:与供方互利的关系

组织与供方是相互依存的,互利的关系可增强双方创造价值的能力。

随着生产社会化的不断发展,社会分工越来越细,专业化程度越来越高,一个产品往往是多个组织分工协作的结果,任何一个组织都有供方或合作伙伴。供方向组织提供的产品对组织向顾客提供的产品产生着重要的影响,其高质量的产品为组织给顾客提供的高质量的最终产品提供保证,因此处理好与供方的关系,影响组织能否持续稳定地提供顾客满意的产品,还影响组织对市场的快速反应能力。而组织市场的扩大,则为供方增加了提供更多产品的机会,所以双方是相互依存的。良好的合作交流将使双方均增强创造价值的能力,优化成本和资源,对市场或顾客的要求作出快速的反应从而使双方受益。

5.3 ISO 9001:2008《质量管理体系要求》标准条款

1 范围

1.1 总则

本标准为有下列需求的组织规定了质量管理体系要求:

①需要证实其具有稳定地提供满足顾客要求和适用的法律、法规要求的产品的能力;

②通过体系的有效应用,包括体系持续改进过程的有效应用,以及保证符合顾客要求和适用的法律、法规要求,旨在增强顾客满意。

注1:在本标准中,术语“产品”仅适用于:

①预期提供给顾客的或顾客所要求的产品;

②产品实现过程所产生的任何预期输出。

注2:法律、法规要求可称为法定要求。

1.2 应用

本标准规定的所有要求是通用的,旨在适用于各种类型、不同规模和提供不同产品的组织。

由于组织及其产品的性质导致本标准的任何要求不适用时,可以考虑对其进行删减。

如果进行删减,应仅限于本标准第 7 章的要求,并且这样的删减不影响组织提供满足顾客要求和适用法律、法规要求的产品的能力或责任,否则不能声称符合本标准。

2　规范性引用文件

下列文件中的条款通过本标准的引用而成为本标准的条款。凡是注日期的引用文件,其随后所有的修改单(不包括勘误的内容)或修订版均不适用于本标准,然而,鼓励根据本标准达成协议的各方研究是否可使用这些文件的最新版本。凡是不注日期的引用文件,其最新版本适用于本标准。

GB/T 19000—2008 质量管理体系　基础和术语(ISO 9000:2005,IDT)

3　术语和定义

本标准采用 GB/T 19000 中所确立的术语和定义。

本标准中所出现的术语"产品",也可指"服务"。

4　质量管理体系

4.1　总要求

组织应按本标准的要求建立质量管理体系,将其形成文件,加以实施和保持,并持续改进其有效性。

组织应:

①确定质量管理体系所需的过程及其在整个组织中的应用(见 1.2);

②确定这些过程的顺序和相互作用;

③确定所需的准则和方法,以确保这些过程的运行和控制有效;

④确保可以获得必要的资源和信息,以支持这些过程的运行和监视;

⑤监视、测量(适用时)和分析这些过程;

⑥实施必要的措施,以实现所策划的结果和对这些过程的持续改进。

组织应按本标准的要求管理这些过程。

组织如果选择将影响产品符合要求的任何过程外包,应确保对这些过程的控制。对此类外包过程控制的类型和程度应在质量管理体系中加以规定。

注 1:上述质量管理体系所需的过程包括与管理活动、资源提供、产品实现以及测量、分析和改进有关的过程。

注 2:"外包过程"是为了质量管理体系的需要,由组织选择,并由外部方实施的过程。

注 3:组织确保对外包过程的控制,并不免除其满足所有顾客要求和法律法规要求的责任。对外包过程控制的类型和程度可受诸如下列因素的影响:

①外包过程对组织提供满足要求的产品的能力的潜在影响;

②对外包过程控制的分担程度;

③通过应用 7.4 实现所需控制的能力。

4.2　文件要求

4.2.1　总则

质量管理体系文件应包括:

①形成文件的质量方针和质量目标;

②质量手册；

③本标准所要求的形成文件的程序和记录；

④组织确定的为确保其过程有效策划、运行和控制所需的文件，包括记录。

注1：本标准出现“形成文件的程序”之处，即要求建立该程序，形成文件，并加以实施和保持。一个文件可包括对一个或多个程序的要求。一个形成文件的程序的要求可以被包含在多个文件中。

注2：不同组织的质量管理体系文件的多少与详略程度可以不同，取决于：

①组织的规模和活动的类型；

②过程及其相互作用的复杂程度；

③人员的能力。

注3：文件可采用任何形式或类型的媒介。

4.2.2　质量手册

组织应编制和保持质量手册，质量手册包括：

①质量管理体系的范围，包括任何删减的细节和正当的理由（见1.2）；

②为质量管理体系编制的形成文件的程序或对其引用；

③质量管理体系过程之间的相互作用的表述。

4.2.3　文件控制

质量管理体系所要求的文件应予以控制。记录是一种特殊类型的文件，应依据4.2.4的要求进行控制。

应编制形成文件的程序，以规定以下方面所需的控制：

①为使文件是充分与适宜的，文件发布前得到批准；

②必要时对文件进行评审与更新，并再次批准；

③确保文件的更改和现行修订状态得到识别；

④确保在使用处可获得适用文件的有关版本；

⑤确保文件保持清晰、易于识别；

⑥确保组织所确定的策划和运行质量管理体系所需的外来文件得到识别，并控制其分发；

⑦防止作废文件的非预期使用，如果出于某种目的而保留作废文件，对这些文件进行适当的标识。

4.2.4　记录控制

①为提供符合要求及质量管理体系有效运行的证据而建立的记录，应得到控制。

②组织应编制形成文件的程序，以规定记录的标识、贮存、保护、检索、保留和处置所需的控制。

③记录应保持清晰、易于识别和检索。

5　管理职责

5.1　管理承诺

最高管理者应通过以下活动，对其建立、实施质量管理体系并持续改进其有效性的承诺提供证据：

①向组织传达满足顾客和法律法规要求的重要性；

②制定质量方针；

③确保质量目标的制定；

④进行管理评审；

⑤确保资源的获得。

5.2 以顾客为关注焦点

最高管理者应以增强顾客满意为目的，确保顾客的要求得到确定并予以满足（见7.2.1和8.2.1）。

5.3 质量方针

最高管理者应确保质量方针：

①与组织的宗旨相适应；

②包括对满足要求和持续改进质量管理体系有效性的承诺；

③提供制定和评审质量目标的框架；

④在组织内得到沟通和理解；

⑤在持续适宜性方面得到评审。

5.4 策划

5.4.1 质量目标

最高管理者应确保在组织的相关职能和层次上建立质量目标，质量目标包括满足产品要求所需的内容（见7.1中的①）。质量目标应是可测量的，并与质量方针保持一致。

5.4.2 质量管理体系策划

最高管理者应确保：

①对质量管理体系进行策划，以满足质量目标以及4.1的要求。

②在对质量管理体系的变更进行策划和实施时，保持质量管理体系的完整性。

5.5 职责、权限与沟通

5.5.1 职责和权限

最高管理者应确保组织内的职责、权限得到规定和沟通。

5.5.2 管理者代表

最高管理者应在本组织管理层中指定一名成员，无论该成员在其他方面的职责如何，应使其具有以下方面的职责和权限：

①确保质量管理体系所需的过程得到建立、实施和保持；

②向最高管理者报告质量管理体系的绩效和任何改进的需求；

③确保在整个组织内提高满足顾客要求的意识。

注：管理者代表的职责可包括就质量管理体系有关事宜与外部方进行联络。

5.5.3 内部沟通

最高管理者应确保在组织内建立适当的沟通过程，并确保对质量管理体系的有效性进行沟通。

5.6 管理评审

5.6.1 总则

最高管理者应按策划的时间间隔评审质量管理体系，以确保其持续的适宜性、充分性和有效性。评审应包括评价改进的机会和质量管理体系变更的需求,包括质量方针和质量目标变更的需求。

应保持管理评审的记录(见4.2.4)。

5.6.2 评审输入

管理评审的输入应包括以下几个方面的信息:

①审核结果;

②顾客反馈;

③过程的绩效和产品的符合性;

④预防措施和纠正措施的状况;

⑤以往管理评审的跟踪措施;

⑥可能影响质量管理体系的变更;

⑦改进的建议。

5.6.3 评审输出

管理评审的输出应包括与以下几个方面有关的任何决定和措施:

①质量管理体系有效性及其过程有效性的改进;

②与顾客要求有关的产品的改进;

③资源需求。

6 资源管理

6.1 资源提供

组织应确定并提供以下几个方面所需的资源:

①实施、保持质量管理体系并持续改进其有效性;

②通过满足顾客要求,增强顾客满意。

6.2 人力资源

6.2.1 总则

基于适当的教育、培训、技能和经验,从事影响产品要求符合性工作的人员应是能够胜任的。

注:在质量管理体系中承担任何任务的人员都可能直接或间接地影响产品要求符合性。

6.2.2 能力、培训和意识

组织应:

①确定从事影响产品要求符合性工作的人员所需的能力;

②适用时,提供培训或采取其他措施以获得所需的能力;

③评价所采取措施的有效性;

④确保组织的人员认识到所从事活动的相关性和重要性,以及如何为实现质量目标做出贡献;

⑤保持教育、培训、技能和经验的适当记录(见4.2.4)。

6.3 基础设施

组织应确定、提供并维护为达到符合产品要求所需的基础设施。适用时,基础设施包括:

①建筑物、工作场所和相关的设施;

②过程设备(硬件和软件);

③支持性服务(如运输、通信或信息系统)。

6.4 工作环境

组织应确定和管理为达到产品符合要求所需的工作环境。

注:术语"工作环境"是指工作时所处的条件,包括物理的、环境的和其他因素,如噪声、温度、湿度、照明或天气等。

7 产品实现

7.1 产品实现的策划

组织应策划和开发产品实现所需的过程。产品实现的策划应与质量管理体系其他过程的要求相一致(见4.1)。

在对产品实现进行策划时,组织应确定以下方面的适当内容:

①产品的质量目标和要求;

②针对产品确定过程、文件和资源的需求;

③产品所要求的验证、确认、监视、测量、检验和试验活动,以及产品接收准则;

④为实现过程及其产品满足要求提供证据所需的记录(见4.2.4);

⑤策划的输出形式应适合于组织的运作方式。

注1:对应用于特定产品、项目或合同的质量管理体系的过程(包括产品实现过程)和资源作出规定的文件可称之为质量计划。

注2:组织也可将7.3的要求应用于产品实现过程的开发。

7.2 与顾客有关的过程

7.2.1 与产品有关的要求的确定

组织应确定:

①顾客规定的要求,包括对交付及交付后活动的要求;

②顾客虽然没有明示,但规定用途或已知的预期用途所必需的要求;

③适用于产品的法律、法规要求;

④组织认为必要的任何附加要求。

注:交付后活动包括诸如保证条款规定的措施、合同义务(如维护服务)、附加服务(如回收或最终处置)等。

7.2.2 与产品有关的要求的评审

组织应评审与产品有关的要求。评审应在组织向顾客作出提供产品的承诺(如提交标书、接受合同或订单及接受合同或订单的更改)之前进行,并应确保:

①产品要求已得到规定;

②与以前表述不一致的合同或订单的要求已得到解决;

③组织有能力满足规定的要求。

评审结果及评审所引起的措施的记录应予保持(见4.2.4)。

若顾客没有提供形成文件的要求,组织在接受顾客要求前应对顾客要求进行确认。若产品要求发生变更,组织应确保相关文件得到修改,并确保相关人员知道已变更的要求。

注:在某些情况中,如网上销售,对每一个订单进行正式的评审可能是不实际的,作为替

代方法,可对有关的产品信息,如产品目录、产品广告内容等进行评审。

7.2.3 顾客沟通

组织应对以下有关方面确定并实施与顾客沟通的有效安排:

①产品信息;

②问询、合同或订单的处理,包括对其修改;

③顾客反馈,包括顾客抱怨。

7.3 设计和开发

7.3.1 设计和开发策划

组织应对产品的设计和开发进行策划和控制。

在进行设计和开发策划时,组织应确定:

①设计和开发的阶段;

②适合于每个设计和开发阶段的评审、验证和确认活动;

③设计和开发的职责和权限。

组织应对参与设计和开发的不同小组之间的接口实施管理,以确保有效的沟通,并明确职责分工。

随着设计和开发的进展,在适当时,策划的输出应予以更新。

注:设计和开发评审、验证和确认具有不同的目的,根据产品和组织的具体情况,可单独或以任意组合的方式进行并记录。

7.3.2 设计和开发输入

应确定与产品要求有关的输入,并保持记录(见4.2.4)。这些输入应包括:

①功能要求和性能要求;

②适用的法律、法规要求;

③适用时,来源于以前类似设计的信息;

④设计和开发所必需的其他要求。

应对这些输入的充分性和适宜性进行评审。要求应完整、清楚,并且不能自相矛盾。

7.3.3 设计和开发输出

设计和开发输出的方式应适合于对照设计和开发的输入进行验证,并应在放行前得到批准。

设计和开发输出应:

①满足设计和开发输入的要求;

②给出采购、生产和服务提供的适当信息;

③包含或引用产品接收准则;

④规定对产品的安全和正常使用所必需的产品特性。

注:生产和服务提供的信息可能包括产品防护的细节。

7.3.4 设计和开发评审

应依据所策划的安排(见7.3.1),在适宜的阶段对设计和开发进行系统的评审,以便:

①评价设计和开发的结果满足要求的能力;

②识别任何问题并提出必要的措施。

评审的参加者应包括与所评审的设计和开发阶段有关的职能的代表。评审结果及任何必要措施的记录应予保持(见4.2.4)。

7.3.5 设计和开发验证

为确保设计和开发输出满足输入的要求,应依据所策划的安排(见7.3.1)对设计和开发进行验证。验证结果及任何必要措施的记录应予保持(见4.2.4)。

7.3.6 设计和开发确认

为确保产品能够满足规定的使用要求或已知的预期用途的要求,应依据所策划的安排(见7.3.1)对设计和开发进行确认。只要可行,确认应在产品交付或实施之前完成。确认结果及任何必要措施的记录应予保持(见4.2.4)。

7.3.7 设计和开发更改的控制

应识别设计和开发的更改,并保持记录。应对设计和开发的更改进行适当的评审、验证和确认,并在实施前得到批准。设计和开发更改的评审应包括评价更改对产品组成部分和已交付产品的影响。更改的评审结果及任何必要措施的记录应予保持(见4.2.4)。

7.4 采购

7.4.1 采购过程

组织应确保采购的产品符合规定的采购要求。对供方及采购产品的控制类型和程度应取决于采购产品对随后的产品实现或最终产品的影响。

组织应根据供方按组织的要求提供产品的能力评价和选择供方。应制定选择、评价和重新评价的准则。评价结果及评价所引起的任何必要措施的记录应予保持(见4.2.4)。

7.4.2 采购信息

采购信息应表述拟采购的产品,适当时包括:

①产品、程序、过程和设备的批准要求;

②人员资格的要求;

③质量管理体系的要求。

在与供方沟通前,组织应确保规定的采购要求是充分与适宜的。

7.4.3 采购产品的验证

组织应确定并实施检验或其他必要的活动,以确保采购的产品满足规定的采购要求。

当组织或其顾客拟在供方的现场实施验证时,组织应在采购信息中对拟采用的验证安排和产品放行的方法作出规定。

7.5 生产和服务提供

7.5.1 生产和服务提供的控制

组织应策划并在受控条件下进行生产和服务提供。适用时,受控条件应包括:

①获得表述产品特性的信息;

②必要时,获得作业指导书;

③使用适宜的设备;

④获得和使用监视和测量设备;

⑤实施监视和测量;

⑥实施产品放行、交付和交付后活动。

7.5.2 生产和服务提供过程的确认

当生产和服务提供过程的输出不能由后续的监视或测量加以验证,使问题在产品使用后或服务交付后才显现时,组织应对任何这样的过程实施确认。

确认应证实这些过程实现所策划的结果的能力。

组织应对这些过程作出安排,适用时包括:

①为过程的评审和批准所规定的准则;

②设备的认可和人员资格的鉴定;

③特定的方法和程序的使用;

④记录的要求(见4.2.4);

⑤再确认。

7.5.3 标识和可追溯性

适当时,组织应在产品实现的全过程中使用适宜的方法识别产品。

组织应在产品实现的全过程中,针对监视和测量要求识别产品的状态。

在有可追溯性要求的场合,组织应控制产品的唯一性标识,并保持记录(见4.2.4)。

注:在某些行业,技术状态管理是保持标识和可追溯性的一种方法。

7.5.4 顾客财产

组织应爱护在组织控制下或组织使用的顾客财产。组织应识别、验证、保护和维护供其使用或构成产品一部分的顾客财产。如果顾客财产发生丢失、损坏或发现不适用的情况,组织应向顾客报告,并保持记录(见4.2.4)。

注:顾客财产可包括知识产权和个人信息。

7.5.5 产品防护

组织应在产品内部处理和交付到预定的地点期间对其提供防护,以保持符合要求。适用时,这种防护应包括标识、搬运、包装、贮存和保护。防护也应适用于产品的组成部分。

7.6 监视和测量设备的控制

组织应确定需实施的监视和测量以及所需的监视和测量设备,为产品符合确定的要求提供证据。

组织应建立过程,以确保监视和测量活动可行并以与监视和测量的要求相一致的方式实施。

为确保结果有效,必要时,测量设备应:

①对照能溯源到国际或国家标准的测量标准,按照规定的时间间隔或在使用前进行校准和(或)检定(验证)。当不存在上述标准时,应记录校准或检定(验证)的依据(见4.2.4);

②必要时进行调整或再调整;

③具有标识,以确定其校准状态;

④防止可能使测量结果失效的调整;

⑤在搬运、维护和贮存期间防止损坏或失效。

此外,当发现设备不符合要求时,组织应对以往测量结果的有效性进行评价和记录。组织应对该设备和任何受影响的产品采取适当的措施。

校准和检定(验证)结果的记录应予保持(见4.2.4)。

当计算机软件用于规定要求的监视和测量时，应确认其满足预期用途的能力。确认应在初次使用前进行，并在必要时予以重新确认。

注：确认计算机软件满足预期用途能力的典型方法包括验证和保持其适用性的配置管理。

8 测量、分析和改进

8.1 总则

组织应策划并实施以下方面所需的监视、测量、分析和改进过程：

①证实产品要求的符合性；

②确保质量管理体系的符合性；

③持续改进质量管理体系的有效性。

这应包括对统计技术在内的适用方法及其应用程度的确定。

8.2 监视和测量

8.2.1 顾客满意

作为对质量管理体系绩效的一种测量，组织应监视顾客关于组织是否满足其要求的感受的相关信息，并确定获取和利用这种信息的方法。

注：监视顾客感受可以包括从诸如顾客满意度调查、来自顾客的关于交付产品质量方面数据、用户意见调查、流失业务分析、顾客赞扬、索赔和经销商报告之类的来源获得输入。

8.2.2 内部审核

组织应按策划的时间间隔进行内部审核，以确定质量管理体系是否：

①符合策划的安排（见7.1）、本标准的要求以及组织所确定的质量管理体系的要求，得到有效实施与保持。

②组织应策划审核方案，策划时应考虑拟审核的过程和区域的状况和重要性以及以往审核的结果。应规定审核的准则、范围、频次和方法。审核员的选择和审核的实施应确保审核过程的客观性和公正性。审核员不应审核自己的工作。

应编制形成文件的程序，以规定审核的策划、实施、形成记录以及报告结果的职责和要求。

应保持审核及其结果的记录（见4.2.4）。

负责受审核区域的管理者应确保及时采取必要的纠正和纠正措施，以消除所发现的不合格及其原因。后续活动应包括对所采取措施的验证和验证结果的报告（见8.5.2）。

注：作为指南，参见GB/T 19011。

8.2.3 过程的监视和测量

组织应采用适宜的方法对质量管理体系过程进行监视，并在适用时进行测量。这些方法应证实过程实现所策划的结果的能力。当未能达到所策划的结果时，应采取适当的纠正和纠正措施。

注：当确定适宜的方法时，建议组织根据每个过程对产品要求的符合性和质量管理体系的有效性的影响，考虑监视和测量的类型与程度。

8.2.4 产品的监视和测量

组织应对产品的特性进行监视和测量,以验证产品要求已得到满足。这种监视和测量应依据所策划的安排(见7.1)在产品实现过程的适当阶段进行。应保持符合接收准则的证据。

记录应指明有权放行产品以交付给顾客的人员(见4.2.4)。

除非得到有关授权人员的批准,适用时得到顾客的批准,否则在策划的安排(见7.1)已圆满完成之前,不应向顾客放行产品和交付服务。

8.3 不合格品控制

组织应确保不符合产品要求的产品得到识别和控制,以防止其非预期的使用或交付。应编制形成文件的程序,以规定不合格品控制以及不合格品处置的有关职责和权限。

适用时,组织应通过下列一种或几种途径处置不合格品:

①采取措施,消除发现的不合格品;

②经有关授权人员批准,适用时经顾客批准,让步使用、放行或接收不合格品;

③采取措施,防止其原预期的使用或应用;

④当在交付或开始使用后发现产品不合格时,组织应采取与不合格的影响或潜在影响的程度相适应的措施。

在不合格品得到纠正之后应对其再次进行验证,以证实符合要求。应保持不合格的性质的记录以及随后所采取的任何措施的记录,包括所批准的让步的记录(见4.2.4)。

8.4 数据分析

组织应确定、收集和分析适当的数据,以证实质量管理体系的适宜性和有效性,并评价在何处可以持续改进质量管理体系的有效性。这应包括来自监视和测量的结果以及其他有关来源的数据。

数据分析应提供以下相关方面的信息:

①顾客满意(见8.2.1);

②与产品要求的符合性(见8.2.4);

③过程和产品的特性及趋势,包括采取预防措施的机会(见8.2.3和8.2.4);

④供方(见7.4)。

8.5 改进

8.5.1 持续改进

组织应利用质量方针、质量目标、审核结果、数据分析、纠正措施和预防措施以及管理评审,持续改进质量管理体系的有效性。

8.5.2 纠正措施

组织应采取措施,以消除不合格的原因,防止不合格的再发生。纠正措施应与所遇到不合格的影响程度相适应。

应编制形成文件的程序,以规定以下方面的要求:

①评审不合格(包括顾客抱怨);

②确定不合格的原因;

③评价确保不合格不再发生的措施的需求;

④确定和实施所需的措施;

⑤记录所采取措施的结果(见4.2.4);

⑥评审所采取的纠正措施的有效性。

8.5.3 预防措施

组织应确定措施,以消除潜在不合格的原因,防止不合格的发生。预防措施应与潜在问题的影响程度相适应。

应编制形成文件的程序,以规定以下方面的要求:

①确定潜在不合格及其原因;

②评价防止不合格发生的措施的需求;

③确定并实施所需的措施;

④记录所采取措施的结果(见4.2.4);

⑤评审所采取的预防措施的有效性。

5.4 ISO 9001 质量管理体系建立方法

5.4.1 ISO 9001:2008 质量管理体系认证基本程序

申请和取得产品认证资格的主要程序如下:

①提出申请意向。企业向有关认证机构提出申请认证意向,询问需要了解的事项,并索取有关资料。

②咨询。如果企业有需要,可向咨询机构提出咨询请求,咨询机构派专家指导企业建立质量体系,编制质量手册,进行质量体系审核(预检查)。

③提出正式申请。企业填写认证申请书。附上质量手册,寄交(或送交)有关认证机构。

④认证机构会审查申请书,同意后向企业发出接受申请通知书,告知应缴纳的费用。

⑤企业按通知书的要求缴纳费用。

⑥认证机构任命一个检查组,负责对申请企业的质量体系进行检查,将检查组名单通知申请企业。

⑦检查组审查企业提交的质量手册是否满足 GB/T 19001—ISO 9001 的要求;若不满足,向申请企业提出,请其修改或提供补充材料,直到基本满足为止。

⑧检查组长制订检查计划并发给申请企业一份,计划内容包括:被检查方的名称和地址、检查组成员、检查的目的、范围和依据、检查日期、检查活动安排以及保密声明。

⑨各检查员对自己所承担的检查部门编制检查表。

⑩检查组去现场检查,依据是 GB/T 19001—ISO 9001 和企业的质量手册,检查和评定申请企业质量体系的实际运行情况,质量手册的贯彻执行情况;检查结束前;由检查组长向企业领导报告检查评定的初步结果,告知“推荐”“推迟推荐”或“下推荐”的结论。

检查组离厂前抽取样品并封样,由企业(或检查组)递交指定的检验机构,并寄交检验费。

如果是“推迟推荐”,企业应制定纠正措施,在检查组指定的期限内完成,达到满意的效果,并将纠正措施及其实施情况书面报告检查组长。

检查组长审查企业提交的纠正措施报告,必要时去现场复查,达到要求时即可推荐。

检查组编写并向认证委员会提交质量体系检查报告。

检查机构根据认证委员会的要求检验产品样品,向委员会提出校验报告,并由委员会寄送申请企业一份。

认证委员会审查质量体系检查报告和产品检验报告,符合认证条例和有关规章的规定要求时,向企业颁发认证证书,许可在今后出厂的申请产品上使用认证标志;如果经审查不符合要求时,应向申请企业发出书面通知,告知不推荐的原因。

⑪持续改进。企业坚持并不断改进质量体系,提高产品质量,接受认证委员会的定期监督复查,包括质量体系维持情况的监督检查和认证产品质量的监督检验。

5.4.2 建立 ISO 9001:2008 标准的步骤

建立、完善质量体系一般要经历质量体系的策划与设计、质量体系文件的编制、质量体系的试运行、质量体系审核与评审 4 个阶段,每个阶段又可分为若干具体步骤。

1)质量体系的策划与设计

该阶段主要是做好各种准备工作,包括教育培训,统一认识,组织落实,拟订计划;确定质量方针,制订质量目标;现状调查和分析;调整组织结构,配备资源等方面。

(1)教育培训,统一认识

质量体系建立和完善的过程,是始于教育,终于教育的过程,也是提高认识和统一认识的过程,教育培训要分层次,循序渐进地进行。

第一层次为决策层,包括党、政、技(术)领导。主要培训:

①通过介绍质量管理和质量保证的发展和本单位的经验教训,说明建立、完善质量体系的迫切性和重要性。

②通过 ISO 9000 族标准的总体介绍,提高按国家(国际)标准建立质量体系的认识。

③通过质量体系要素讲解(重点应讲解“管理职责”等总体要素),明确决策层领导在质量体系建设中的关键地位和主导作用。

第二层次为管理层,重点是管理、技术和生产部门的负责人,以及与建立质量体系有关的工作人员。

这二层次的人员是建设、完善质量体系的骨干力量,起承上启下的作用,要使他们全面接受 ISO 9000 族标准有关内容的培训,在方法上可采取讲解与研讨结合。

第三层次为执行层,即与产品质量形成全过程有关的作业人员。对这一层次人员主要培训与本岗位质量活动有关的内容,包括在质量活动中应承担的任务,完成任务应赋予的权限,以及造成质量过失应承担的责任等。

(2)组织落实,拟订计划

尽管质量体系建设涉及一个组织的所有部门和全体职工,但对大多数单位来说,成立一个精干的工作班子可能是需要的,根据一些单位的做法,这个班子也可分 3 个层次。

第一层次:成立以最高管理者(厂长、总经理等)为组长,质量主管领导为副组长的质量本系建设领导小组(或委员会)。其主要任务包括:

①体系建设的总体规划;

②制订质量方针和目标;

③按职能部门进行质量职能的分解。

第二层次:成立由各职能部门领导(或代表)参加的工作班子。这个工作班子一般由质量部门和计划部门的领导共同牵头,其主要任务是按照体系建设的总体规划具体组织实施。

第三层次:成立要素工作小组。根据各职能部门的分工明确质量体系要素的责任单位,例如,"设计控制"一般应由设计部门负责,"采购"要素由物资采购部门负责。

组织和责任落实后,按不同层次分别制订工作计划,在制订工作计划时应注意:

①目标要明确。要完成什么任务,要解决哪些主要问题,要达到什么目的?

②要控制进程。建立质量体系的主要阶段要规定完成任务的时间表、主要负责人和参与人员,以及他们的职责分工及相互协作关系。

③要突出重点。重点主要是体系中的薄弱环节及关键的少数。这少数可能是某个或某几个要素,也可能是要素中的一些活动。

(3)确定质量方针,制订质量目标

质量方针体现了一个组织对质量的追求,对顾客的承诺,是职工质量行为的准则和质量工作的方向。

制定质量方针的要求是:

①与总方针相协调;

②应包含质量目标;

③结合组织的特点;

④确保各级人员都能理解和坚持执行。

(4)现状调查和分析

现状调查和分析的目的是为了合理地选择体系要素,其内容包括:

①体系情况分析。即分析本组织的质量体系情况,以便根据所处的质量体系情况选择质量体系要素的要求。

②产品特点分析。即分析产品的技术密集程度、使用对象、产品安全特性等,以确定要素的采用程度。

③组织结构分析。组织的管理机构设置是否适应质量体系的需要。应建立与质量体系相适应的组织结构并确立各机构间隶属关系、联系方法。

④生产设备和检测设备能否适应质量体系的有关要求。

⑤技术、管理和操作人员的组成、结构及水平状况的分析。

⑥管理基础工作情况分析。即标准化、计量、质量责任制、质量教育和质量信息等工作的分析。

对以上内容可采取与标准中规定的质量体系要素要求进行对比性分析。

(5)调整组织结构,配备资源

因为在一个组织中除质量管理外,还有其他各种管理。组织机构设置由于历史沿革大多数并不是按质量形成客观规律来设置相应的职能部门的,所以在完成落实质量体系要素并展开成对应的质量活动以后,必须将活动中相应的工作职责和权限分配到各职能部门。一方面是客观展开的质量活动,另一方面是人为的、现有的职能部门,两者之间的关系处理,一般来说，一个质量职能部门可以负责或参与多个质量活动，但不要让一项质量活动由多个职能部门来负责。

目前，我国企业现有职能部门对质量管理活动所承担的职责、所起的作用普遍不够理想，总的来说应该加强。

在活动展开的过程中，必须涉及相应的硬件、软件和人员配备，根据需要应进行适当的调配和充实。

2）质量体系文件的编制

质量体系文件的编制内容和要求，从质量体系的建设角度讲，应强调以下几个问题：

①体系文件一般应在第一阶段工作完成后才正式制订，必要时也可交叉进行。如果前期工作不做，直接编制体系文件就容易产生系统性、整体性不强，以及脱离实际等弊病。

②除质量手册需统一组织制订外，其他体系文件应按分工由归口职能部门分别制订，先提出草案，再组织审核，这样做有利于今后文件的执行。

③质量体系文件的编制应结合本单位的质量职能分配进行。按所选择的质量体系要求，逐个展开为各项质量活动（包括直接质量活动和间接质量活动），将质量职能分配落实到各职能部门。质量活动项目和分配可采用矩阵图的形式表述，质量职能矩阵图也可作为附件附于质量手册之后。

④为了使所编制的质量体系文件做到协调、统一，在编制前应制订“质量体系文件明细表”，将现行的质量手册（如果已编制）、企业标准、规章制度、管理办法以及记录表式收集在一起，与质量体系要素进行比较，从而确定新编、增编或修订质量体系文件项目。

⑤为了提高质量体系文件的编制效率，减少返工，在文件编制过程中要加强文件的层次间、文件与文件间的协调。尽管如此，一套质量好的质量体系文件也要经过自上而下和自下而上的多次反复。

⑥编制质量体系文件的关键是讲求实效，不走形式。既要从总体上和原则上满足 ISO 9000 族标准，又要在方法上和具体做法上符合本单位的实际。

3）质量体系的试运行

质量体系文件编制完成后，质量体系将进入试运行阶段。其目的，是通过试运行，考验质量体系文件的有效性和协调性，并对暴露出的问题，采取改进措施和纠正措施，以达到进一步完善质量体系文件的目的。

在质量体系试运行过程中，要重点抓好以下工作：

①有针对性地宣贯质量体系文件。使全体职工认识到新建立或完善的质量体系是对过去质量体系的变革，是为了向国际标准接轨，要适应这种变革就必须认真学习、贯彻质量体系文件。

②实践是检验真理的唯一标准。体系文件通过试运行必然会出现一些问题，全体职工立将从实践中出现的问题和改进意见如实反映给有关部门，以便采取纠正措施。

③将体系试运行中暴露出的问题，如体系设计不周、项目不全等进行协调、改进。

④加强信息管理，不仅是体系试运行本身的需要，也是保证试运行成功的关键。所有与质量活动有关的人员都应按体系文件要求，做好质量信息的收集、分析、传递、反馈、处理和归档等工作。

4)质量体系的审核与评审

质量体系审核在体系建立的初始阶段往往更加重要。在这一阶段,质量体系审核的重点,主要是验证和确认体系文件的适用性和有效性。

(1)审核与评审的主要内容

①规定的质量方针和质量目标是否可行;

②体系文件是否覆盖了所有主要质量活动,各文件之间的接口是否清楚;

③组织结构能否满足质量体系运行的需要,各部门、各岗位的质量职责是否明确;

④质量体系要素的选择是否合理;

⑤规定的质量记录是否能起到见证作用;

⑥所有职工是否养成了按体系文件操作或工作的习惯,执行情况如何。

(2)该阶段体系审核的特点

①体系正常运行时的体系审核,重点在于符合性,在试运行阶段,通常是将符合性与适用性结合起来进行;

②为使问题尽可能地在试运行阶段暴露无遗,除组织审核组进行正式审核外,还应有广大职工的参与,鼓励他们通过试运行的实践,发现和提出问题;

③在试运行的每一阶段结束后,一般应正式安排一次审核,以便及时对发现的问题进行纠正,对一些重大问题也可根据需要,适时地组织审核;

④在试运行中要对所有要素审核覆盖一遍;

⑤充分考虑对产品的保证作用;

⑥在内部审核的基础上,由最高管理者组织一次体系评审。

应当强调,质量体系是在不断改进中行以完善的,质量体系进入正常运行后,仍然要采取内部审核,管理评审等各种手段以使质量体系能够保持和不断完善。

5.5 编写质量管理体系文件

5.5.1 质量体系文件的作用

(1)质量体系文件确定了职责的分配和活动的程序,是企业内部的"法规"

①给出了最好的、最实际的达到质量目标的方法,编制和使用文件是具有动态的高增值的活动;

②界定了职责和权限,处理好了接口,使质量体系成为职责分明,协调一致的有机整体;

③"该说的一定要说到,说到的一定要做到",文件成为组织的法规,通过认真的执行达到预期的目的。

(2)质量体系文件是质量体系审核的依据

①证明过程已经确定并优化;

②证明文件规定已被有效实施;

③证明文件处于使用控制中。

(3)质量体系文件是企业开展内部培训的依据

①文件作为培训全体员工的教材;

②寻求文件内容、技能及培训内容之间的适宜平衡。

(4)质量体系文件使质量体系改进有一个基础

①依据文件确定工作过程要求可改进之处;

②当把质量改进成果纳入文件,变成标准化程序时,成果可得到有效巩固。

5.5.2 质量体系文件的层次

第一层:质量手册。

第二层:程序文件。

第三层:作业指导文件,通常又可分为:管理性第三层文件(如车间管理办法、仓库管理规定、文件和资料编码规定、产品标识细则规定、产品检验状态标识细则规定等)、技术性第三层文件(如产品标准、原材料检验规程、抽样标准、技术图纸、工序作业指导书、工艺卡、设备操作规程等)、外来文件。

第四层:质量记录表格。

5.5.3 编写质量体系文件的基本要求

1)系统性

①应对质量体系文件结构进行策划,要求覆盖 ISO 9001 全部相关要素的要求和规定。

②工具:《质量体系文件一览表》《部门职责分配表》。

2)符合性

①应符合 ISO 9000 标准条款的要求。

②应符合本企业业务流程的实际情况。具体的控制要求应以满足企业需要为度,而不是越多越严就越好,一句话:适度。

③通过清楚、准确、全面、简单扼要的表达方式,实现唯一的理解,所有文件的规定都应保证在实际工作中能完全做到。

3)协调性

①文件和文件之间应相互协调,避免产生不一致的地方,从整体上结构针对编写具体某一文件来说,应紧扣该文件的目的和范围,尽量不要叙述不在该文件范围内的活动。

②体系文件的所有规定应与公司的其他管理规定、技术标准、规范相协调。

③应认真处理好各种过程的接口,避免不协调或职责不清。

5.5.4 编写质量体系文件的文字要求

①职责分明,语气肯定(避免用“大致上”“基本上”“可能”“也许”之类的词语);

②结构清晰、文字简明、文风一致;

③遵循“最简单、最易懂”的原则编写各类文件。

5.5.5 文件的通用内容

①文件名称、编号;
②受控状态、版本号、分发号;
③编制、审核、批准;
④生效日期。

5.5.6 质量手册的编制

质量手册的常见结构如下:
(1)封面
——公司的名称;
——手册标题;
——文件编号、手册版本、受控章及分发号;
——起草人、批准人签名、生效日期。
(2)颁布令
——以简练的文字说明本公司质量手册已按选定的标准编制完毕,并予以批准发布和实施。颁布令必须以公司最高管理者的身份叙述,并予亲笔手签姓名、日期。
(3)手册说明(适用范围)
——适用的产品;
——生产该产品的组织领域或区域;
——手册依据的标准。
(4)手册目录
——列出手册所含各章节入题目。
(5)修订页
——用修订记录表的形式说明手册中各部分的修改情况。
(6)定义部分(如需要)
——首先使用国家标准中的术语定义;
——对特有术语和概念进行定义。
(7)组织概况(前言页)
——公司名称,主要产品;
——业务情况、主要背景、历史和规模等;
——地点及通信方法;
——组织结构图。
(8)组织的质量方针和目标
——组织的质量方针与质量目标;
——最高领导签名。

(9)支持性资料

附录,如程序文件一览表其编号方式为附录 a、附录 b,以此顺延。

(10)质量体系要素描述

①质量体系要素描述的原则:

a. 符合所选定标准的要求;

b. 符合实际运作的需要;

c. 职责落实;

d. 满足相关法规要求、合同要求。

②质量体系要素描述各章的结构和内容:

a. 目的——阐明实施要素要求的目的。

b. 适用范围——阐明实施要素要求适用的活动。

c. 职责——阐明实施要素要求过程中所涉及的部门或人员的责任。

d. 实施概要——阐明实施要素要求的全部活动原则和要求。

e. 相关文件——列出实施要素要求所需的各类文件。包括程序文件、作业程序、技术标准及管理标准。

5.5.7 程序文件的编制

1)程序文件描述的内容

程序文件描述的内容往往包括 5W1H:开展活动的目的(Why)、范围;做什么(What)、何时(When)、何地(Where)、谁(Who)来做;应采用什么材料、设备和文件,如何对活动进行控制和记录(How)等。

2)程序文件结构(参考)

程序文件结构包括封面、正文部分(目的、范围、职责、程序内容、质量记录、支持性文件、附录)两部分。

3)程序文件内容概述

①封面:程序文件封面格式类同质量手册。

②正文:

——目的:说明为什么开展该项活动。

——范围:说明活动涉及的(产品、项目、过程、活动……)范围。

——职责:说明活动的管理和执行、验证人员的职责。

——程序内容:详细阐述活动开展的内容及要求。

——支持性文件:列出支持本程序的第三层文件。

——质量记录:列出活动用到或产生的记录。

——附录:本程序文件涉及之附录均放于此,其编号方式为附录 a、附录 b,以此顺延。

4)ISO 9001:2008 明确要求的程序文件

——文件控制程序;

——质量记录控制程序;

——内审控制程序;

——不合品控制程序；

——纠正措施控制程序；

——预防措施控制程序。

5)程序文件示例

《内部质量审核控制程序》

1. 目的

通过实施内部质量审核来确认质量体系的符合性和有效性，以便持续改进体系。

2. 适用范围

适用于本公司质量体系所覆盖的所有部门工作审核。

3. 职责

3.1　管理者代表负责策划内审活动并任命审核组长。

3.2　审核组长负责制订内部质量审核计划并负责组织相关人员组成审核小组实施审核活动。

3.3　各部门负责配合审核小组对本部门质量活动进行审核。

4. 工作程序

4.1　内部质量审核

内部质量审核活动是本企业一项定期举行的、正式的质量管理体系审核活动，每年举行两次，上下半年各一次。管理者代表可视下列情况增加审核次数：

——质量方针、质量目标变更；

——管理机构变更；

——客户有较严重投诉；

——质量体系运作中有较严重的异常情况。

4.2　审核对象

审核对象为本公司质量体系所覆盖的所有部门，审核小组成员由内部质量审核培训合格取得资格的人员组成，审核员与被审核的质量活动不得有直接的责任关系。

4.3　审核前准备

4.3.1　管理者代表策划内审时机，任命审核组长组织内审组实施审核活动。

4.3.2　审核小组责在审核之前一个月提出内部质量审核计划报管理者代表审批。获得批准后，审核组在审核前两周将审核计划正式递交有关部门准备。

4.3.3　审核组根据审核计划制订检查清单，必要时对体系文件进行审核。

4.4　审核实施

4.4.1　见面会：现场审核活动开始前由审核组与各相关部门主管开一个简短的见面会，对本次审核的事项进行交代和再次确认。

4.4.2　现场审核。

4.4.2.1　现场审核应在被审核部门负责人在场的情况下进行，审核应尽可能不影响被审核部门工作的原则进行。

4.4.2.2　审核员通过提问、观察、抽查记录、检查或检测产品等方法对体系。

4.4.2.3　审核员应以下述规则判断不符合项：

a. 严重不符合项——质量活动严重不符合ISO 9002标准要求或可能导致系统失效。

b. 轻微不符合项——与质量体系标准要求轻微不符合。

c. 观察项——程序文件实施没能取得预期效果和需引起注意的某项活动。

4.4.2.4 现场审核结束后审核组开一个小结会对审核情况进行交流和汇总。

4.5 总结会

现场审核结束,审核组长负责召集审核组成员及被审核部门负责人召开审核总结会。

a. 审核组长报告本次审核情况;

b. 被审核部门确认不符合项及观察项;

c. 双方确认纠正不符合项所需的时间。

4.6 实施纠正及跟踪验证

4.6.1 《不符合项报告》中所指出的存在问题,由责任部门主管负责依据《纠正和预防措施控制程序》组织制订相应纠正和预防措施并记入《不符合项报告》中。

4.6.2 审核组成员按期对纠正措施的实施情况跟踪验证其有效性。发现问题应及时与部门主管进行沟通处理。

4.6.3 跟踪验证结束后,审核组组长整理资料完成《内部质量审核报告》,审核报告应包括完整的《不符合项报告》和《观察项报告》记录,并将其提交给管理者代表审批。

4.6.4 审批后,审核组长将本次内审的所有文件、资料汇总交文控室存档。

5. 相关文件

《纠正和预防措施控制程序》

6. 质量记录

6.1 《内部质量审核计划》

6.2 《内部质量审核报告》

6.3 《不符合项报告》

6.4 《观察项报告》

6.5 《内审核查表》

6.6 《不符合项分布表》

6.7 《会议签到表》

5.5.8 第三层文件的编制要求

第三层文件的编制要求应符合“三”“四”“五”条款要求。正文格式随文件性质不同而采用不同格式。可行时,可适当参考程序文件格式。例如,《仓库管理规定》中仓库是本公司物料管理部门,负责生产原料及辅料贮存,防护及收发。为进一步明确仓管人员的职责、权限,特制定本规定,希望仓管人员及相关人员共同遵守。

(1)收发及收货程序

①仓管人员依据来料货单收货,点清来料数量、型号、规格,核对是否与货单相符无误后签名入仓,并开具收货报告单,登记入账。

②仓管人员如发现来料淋湿、色差、抽纱、破洞、经纬不符、布料有污迹,应立即报告厂长处理。

(2)原料及辅料归类存放与防护

①布料应明确布料型号,布种并分别存放。

②辅料按其种类分类放置。

③需避免受雨淋、日洒,防潮湿,防虫鼠害。

④原材料存放要严格分区域,标识清楚。

⑤检验后不合格品应放在不合格区,进行分类存放。

⑥仓库场地应定时搞好环境卫生。

(3)物料的标识

①仓管人员应对不同品种的布料及辅料做标识,标明其名称、日期、产地、规格、缩水率。

②标识应保管好,避免遗失破损。

(4)发料程序

仓库人员应根据订单跟办房制单,裁床单开具的领料单中的品种、品名及数量发货,同时加以复核并在单上签名,并要求领料人员签名。

(5)材料库存

材料库存盘点及报表每月月底仓库人员对库存布料、辅料进行盘点,并根据本月收、发,存数据填写月报表,交由公司财务部。

(6)做好安全预防措施

做好三防(防火、防盗、防湿)工作,确保仓库安全。

5.5.9 质量记录表格

①对《标准》提到的21处记录要评审是否必须采用;

②表格应规范,统一风格;

③表格内容应充实,填写的内容有针对性。

5.5.10 质量体系文件的编号

①体系文件根据发放分数进行编号分发号:在受控章里标注分发序号,用01、02、…标注,并在文件分发记录中记录。

②修改状态"修改次数/版本号",其中:版本号用"a、b、c、…"表示,修改次数用"0~4"表示,如1/a表示为a版第一次修订。

5.6 质量管理体系内部审核

5.6.1 审核的定义

根据标准中审核的定义,审核是"为获得证据并对其进行客观地评价,以确定满足审核准则的程度所进行的系统的、独立的并形成文件的过程",因此,审核的主要目的是评价与审核准则的符合性。这种准则可以是方针目标、程序和要求。

5.6.2 审核范围

审核范围是指审核的内容和界限(注:审核范围通常包括对受审核组织的实际位置、组织单元、活动和过程,以及审核所覆盖的时期的描述),是指某一给定审核的深度及广度,是界定组织建立的质量管理体系覆盖及其承诺和实施的范围。审核可由其包含的因素的术语来表达,如地理位置、组织单元、活动和过程。确定审核范围至关重要。对审核范围的界定实际上是界定组织建立质量管理体系覆盖的范围及其承诺和实施的范围。

ISO 9001:2008 中过程可分为产品的实现过程和产品的支持过程,后者包括管理过程。产品的实现过程主要是与顾客有关的过程,如产品要求的评审、设计开发、采购、生产和服务等。产品的支持过程主要有管理职责、资源管理、测量和监控等。因此,审核范围中的过程和活动应从这两个方面考虑。

5.6.3 审核的一般步骤

一个完整的 ISO 9001 质量管理体系内部审核应包括如下步骤:

1)审核启动

①指定审核组长;

②规定审核目标、范围和准则;

③决定审核的可行性;

④选择审核组;

⑤与受审核部门进行联系和沟通。

2)现场审核活动的准备

①准备审核计划;

②对审核组分派工作;

③准备审核工作文件即检查表。

3)进行现场审核活动

①召开首次会议;

②审核中的沟通;

③联络员的作用及职责;

④收集并验证信息;

⑤产生审核发现;

⑥准备审核结论;

⑦召开末次会议。

4)准备、批准及分发审核报告

①准备审核报告;

②批准及分发审核报告。

5)采取纠正措施、跟踪验证纠正措施

①责任部门制订纠正措施计划;

②责任部门完成并记录纠正措施；

③主管审核的部门验证并记录纠正措施的实施情况。

6)完成审核

内部审核计划见表5.1；审核检查表见5.2；不符合项报告见表5.3。

表5.1 内部审核计划

审核目的：确定组织质量管理体系满足标准的程度

审核标准：ISO 9001：2008　　审核日期：2011年××月××日—××日

审核范围：涉及体系运作的所有部门

审核组长：×××

内审成员：××；××

	第一组：××；××	第二组：××；××
时间	部门/活动/过程	部门/活动/过程
××月××日		
8：00—8：30	首次会议	
8：30—11：30	生产部/仓库 7.1　产品实现策划 7.5　生产提供 8.2.3　过程的监测 8.3　基础设施 8.4　工作环境	经营部 7.2　与顾客有关的过程 8.2.1　顾客评价 8.2.3　与顾客有关过程的监测
		品质部 8.1　测量分析和改进总则 8.2.4　产品测量 8.3　不合格产品控制 8.4　数据分析 8.5.2　纠正措施 8.5.3　预防措施 8.6　监测装置的控制
11：30—13：00	工作餐	
13：00—16：00	管理层/管理代表 5.1—5.6　管理职责 8.2.2　内部审核 8.5.1　持续改进 8.5.2　纠正措施	办公室 4.1/4.2　质量体系/文件记录控制 6.1/6.2　资源提供/人力资源
16：00—17：00	审核组内部会议	
17：00—17：30	末次会议	
签名：________	日期：________	第1页　共1页

表 5.2 审核检查表

市场部审核检查表	是	否	审核证据
1. 组织是否确定了顾客的要求,包括法规要求。通过何种方式确定? 2. 组织对产品要求是否进行了评审? 3. 评审时机和内容是否符合标准要求? 4. 评审的结果及后续跟进是否记录? 5. 产品要求变更后相应的措施是否跟进? 6. 组织如何就产品信息、合同、交付后服务与顾客沟通? 7. 如何处理客户投诉? 8. 如何评价顾客满意? 9. 如何利用顾客满意结果进行改善?			

表 5.3 不符合项报告

不符合项报告 *			
报 告 号:__________ 审核场所:__________ 审核员:__________ 审核准则:__________			
分类	严重 *	次要 *	观察现象 *
不符合项描述: 纠正措施: 验证结论:			

审核策略

干扰	处理手法
倚老卖老	只谈 ISO 9000
人员经常在审核中缺席	换其代理人
拖延时间	告诉若完不成任务,将延长时间
被审核人顾左右而言他	开门见山、言归正传
要求改动审核计划	考虑是否值得

续表

干扰	处理手法
发怒	礼貌冷静
预定样本	自行抽样
不友善	置之不理
抱怨牢骚	一笑了之
可怜相	表示同情,但须理智,并公事公办
能力挑战、自认专家	知己知彼,表现坚定
争吵	说明道理后不予回答

实训 1　为某开心果企业 ISO 9001 质量管理体系认证选择认证公司并询价

实训目的:通过学生自己搜索认证公司,主动与认证公司进行深入交流并了解具体认证价格,通过不同认证公司的比较,培养学生正确识别认证公司、权衡认证效果与认证成本的关系,使学生具备进行 ISO 9001 质量管理体系认证的前期基本实践技能。

实训组织:

1. 根据班级学生数进行合理分组。

2. 安排学生收集本地所有能够进行食品质量管理体系认证公司的相关信息,进行一对一咨询。

3. 每组制作幻灯片,选择一位代表为大家讲解本组所咨询的认证公司情况及询价结果。

4. 各组成员根据汇报情况选择认证公司,并说明选择理由。

实训成果:幻灯片、讲解、选择结果。

实训评价:

考核评价表

学生姓名	交流时的逻辑性(20 分)	汇报的全面性(20 分)	咨询的实际价值(30 分)	认证公司的正确选择(40 分)

实训 2　编写一套开心果企业质量管理体系文件

实训目的:

1. 通过对 ISO 9001 质量管理体系文件的编写,让学生掌握具体质量管理体系的内容和编写方法。

2. 通过实训,能让学生在实际企业生产中学会运用质量管理体系文件。

实训组织:

1. 根据班级学生数进行合理分组。

2. 复习所学坚果类专业知识,结合网络搜索资料,根据本章质量管理体系文件编写方法,制定一套开心果企业质量管理体系文件。

3. 每组选择一位代表为大家讲解本组所撰写的质量管理体系文件,并接受老师和其他各组同学质疑。

4. 教师点评各组质量管理体系文件的编写质量。

实训成果:开心果企业质量管理体系文件。

实训评价:

考核评价表

学生姓名	专业知识的掌握情况（20 分）	交流时的逻辑性（20 分）	回答质疑的准确性（20 分）	质量管理手册的编写（40 分）

实训3 模拟进行开心果企业 ISO 9001 质量管理体系审核

实训目的:通过对 ISO 9001 质量管理体系的审核,让学生掌握具体质量管理体系的审核内容、审核步骤、审核的意义。

实训组织:

1. 根据班级学生数进行合理分组。

2. 每组制作幻灯片,选择一位代表为大家讲解本组所开展的质量管理体系审核流程、审核方法、审核结果,并接受老师和其他各组同学质疑。

3. 教师点评各组质量管理体系审核情况。

实训成果:幻灯片、讲解。

实训评价:

考核评价表

学生姓名	审核设计的合理性（20 分）	交流时的逻辑性（20 分）	回答质疑的准确性（20 分）	与相应标准法规的吻合度（40 分）

项目小结

本项目介绍了 ISO 9001 的内涵、八项原则、建立方法、建立步骤、内部审核等，ISO 9001 是食品企业质量管理体系的核心，对提高企业产品质量和加强企业自身形象有着重要的意义，该项技能也是食品类专业学生提升管理水平和就业竞争力的有利因素。

思考题

1. 与产品有关的要求包括哪些方面？
2. 审核员的职责是什么？
3. 试述内审的一般顺序。
4. 什么是质量管理体系审核？其特点是什么？
5. 内审的目的和审核准则是什么？
6. 过程方法和管理系统方法的区别和联系是什么？
7. 一个组织质量管理体系的设计和实施受哪些因素的影响？
8. 质量管理的八项原则是什么？
9. 质量体系审核范围包括哪三大内容？
10. ISO 9001:2008 规定组织要有哪几个“形成文件的程序”？
11. 简述质量管理体系中使用的文件有哪些。
12. 在编制形成文件的纠正措施程序时，要对哪几个方面的要求作出规定？
13. 画出 ISO 9001:2008 质量管理体系过程模式图。

危害分析与关键控制点(HACCP)体系

【学习目标】

- 熟悉危害分析与关键控制点体系(HACCP)的具体要求、HACCP认证程序。
- 掌握GMP、SSOP、HACCP的基本要求和它们之间的相互关系。
- 了解现阶段HACCP认证申领的程序和内审过程。

【技能目标】

- 根据认证标准进行企业HACCP认证。
- 具备编写HACCP认证材料的能力。

【知识点】>>>

GMP、SSOP、HACCP 原理、标准和认证。

案例导入

什么叫 HACCP

危害分析与关键控制点体系(Hazard Analysis Critical Control Point,HACCP),是对从初级生产直至消费终止的整个过程中的特定危害进行分析并对其关键点的控制措施进行确定和评价,从而保证食品安全的一种科学的、系统的方法。良好操作规范(Good Manufacturing Practice,GMP),是食品生产、加工、包装、运输和销售的规范性文件,具有强制性,是一种具体可行的食品质量保障体系。卫生标准操作程序(Sanitation Standard Operation Procedure,SSOP),是指企业为了达到 GMP 所规定的要求,保证所加工的食品符合卫生要求而制定的指导食品生产过程中如何实施清洗、消毒和卫生保持的作业指导文件。HACCP 是 GMP 和 SSOP 的纲领性指导规范,GMP 和 SSOP 是 HACCP 认证的基础条件。

6.1 良好操作规范

良好操作规范(Good Manufacturing Practice,GMP),是"良好作业规范",或是"优良制造标准",要求企业从原料、人员、设施设备、生产过程、包装运输、质量控制等方面按国家有关法规达到卫生质量要求,形成一套可操作的作业规范帮助企业改善企业卫生环境,及时发现生产过程中存在的问题并加以改善;是食品和药品生产、加工、包装、运输和销售的规范性文件;是一种具体可行的食品药品质量保障体系。GMP 规范一般是由国家专门机构制定颁布,具有一定强制性,GMP 规范不仅只是针对企业,还贯穿于食品药品的原料生产、运输、产品加工、贮存、销售以及使用的整个过程当中,即食品药品从原料直至作为产品使用的整个过程的各个环节都应用它的良好操作规范。

GMP 体系可以分为食品 GMP 规范、药品生产 GMP 规范、保健食品 GMP 规范 3 个体系。食品 GMP 规范,也就是 GMP 通用要求,该种 GMP 体系适用于各类食品制造业的框架法规的制定;药品生产 GMP 规范,该规范主要考虑药品生产对卫生要求的特殊性和特异性要求,是具有很强针对性适合于药品制造和生产行业的良好操作规范;保健食品 GMP 规范,是针对保健食品行业的特殊性制定的,参照食品和药品的一些条款,制定的相对低于药品 GMP 规范的标准要求。

GMP 原较多应用于制药工业,如今许多国家将其用于食品工业,制定出相应的 GMP 法规。食品 GMP 认证由美国在 20 世纪 60 年代发起,在 1969 年美国食品和药品管理局(简称 FDA)将 GMP 的观念引用到食品生产的法规中,制定并颁布了《食品良好生产工艺通则》(Current Good Manufacturing Practise,CGMP),开创了 GMP 的新纪元,当前,除美国已立法强制实施食品 GMP 外,德国、日本、新加坡、中国等国家目前仍采用劝导方式敦促业者自行采用。GMP 自 20 世纪 70 年代初在美国提出以来,已在全球范围内的不少发达国家和中国得到认可并采纳。1969 年,世界卫生组织向全世界推荐 GMP。1972 年,欧洲共同体 14 个成员国公布了 GMP 总则。日本、英国、新加坡和很多工业先进国家引进食品 GMP。日本厚生省于 1975 年开始制定各类食品卫生规范。

1984 年由原国家商检局首先制定了类似 GMP 的卫生法规《出口食品厂、库最低卫生要求》,对出口食品生产企业提出强制性的卫生规范。我国对食品企业质量管理规范的制定开始于 20 世纪 80 年代中期。从 1988 年开始,我国先后颁布了 17 个食品企业卫生规范。重点对厂房、设备、设施和企业自身卫生管理等方面提出卫生要求,以促进我国食品卫生状况的改善,预防和控制各种有害因素对食品的污染。1994 年国家商检局发布了《出口食品厂、库卫生要求》,随后又陆续发布了 9 个专项卫生规范,包括《出口畜禽肉及其制品加工企业注册卫生规范》《出口罐头加工企业注册卫生规范》《出口水产品加工企业注册卫生规范》《出口饮料加工企业注册卫生规范》《出口茶叶加工企业注册卫生规范》《出口糖类加工企业注册卫生规范》《出口面糖制品加工企业注册卫生规范》《出口肠衣加工企业注册卫生规范》《出口速冻方面食品加工企业注册卫生规范》《出口饮料加工企业注册卫生规范》《出口茶叶加工企业注册卫生规范》等。

国家认证认可监督管理委员会制定的《出口食品生产企业安全卫生要求》《实施出口食品生产企业备案的产品目录》和《出口食品生产企业备案需验证 HACCP 体系的产品目录》和国家质量监督检验检疫总局局务会议审议通过的《出口食品生产企业备案管理规定》已于 2011 年 10 月 1 日起施行。现行的标准主要由卫生部法监司执行修订的《乳品厂卫生规范》(GB 12693—2010)、《肉类加工厂卫生规范》(GB 12694—1990)、《饮料厂卫生规范》(GB 12695—2003)、《蜜饯厂卫生规范》(GB 8956—2003)、《保健食品良好生产规范》(GB 17405—1998)等。

GMP 主要是为了防止食品在不卫生、不安全或其他可能引起污染及腐败的环境下加工生产而产生安全危害,避免食品药品制造过程中人为的错误,控制食品的污染变质,建立完善的食品药品生产加工销售过程质量安全管理制度,以确保食品卫生安全和满足相关标准要求,进而提高产品质量的稳定性和有效性。企业为达到 GMP 规范的要求,应具有良好的厂房和生产设备,生产过程和工艺安全合理,具备完善的质量管理体制和严格的质量安全检查系统,确保最终产品的质量在各个方面符合法规的要求。

6.2 卫生标准操作程序

卫生标准操作程序(SSOP)是指企业为了保证食品加工过程符合卫生要求而制定的用于指导食品生产过程中实施清洗、消毒、卫生保持作业的指导性文件。正确制定和有效执行 SSOP 能够有效地控制生产过程中危害的产生,提高企业的食品企业生产过程的卫生安全。企业根据自身需要和法规的需要建立本企业文件化的 SSOP。

SSOP 起源于 20 世纪 90 年代的美国,当时美国爆发食源性疾病,爆发的原因经调查与肉、禽产品受到感染有关。基于这种情况美国农业部为了规范肉禽生产过程中的卫生要求,建立了一套包括生产、加工、运输、销售所有环节在内的肉禽产品生产安全措施,从而保证公众的健康。1952 年 12 月美国 FDA 颁布的《美国水产品 HACCP 法规》中明确规定 SSOP 必须包括 8 个方面的主要卫生条件。企业根据需要编写具有可操作性的作业文件,在实施的过程中需要有记录、有验证、有纠偏。

美国 FDA 推荐的 SSOP 必须包括的 8 项内容为:

①与食品接触或食品接触物表面接触的水(冰)的安全;

②与食品接触的表面(包括设备、手套、工作服)的清洁度;

③防止交叉感染;

④手的清洗与消毒,保持洗手间设施的清洁;

⑤防止食品被污染物污染;

⑥有毒化学物质的标记、贮存和使用;

⑦雇员的健康与卫生控制;

⑧虫害的防治。

2002 年国家认监委在第 3 号公告中确定 SSOP 包括必须包含的 8 项为:

①接触食品(包括原料、半成品、成品)或接触与食品有接触的水和冰的物品应当符合安全卫生要求;

②接触食品的器具、手套和内外包装材料等必须清洁、安全、卫生;

③确保食品免受交叉污染;

④保证操作人员手的清洗与消毒,保持洗手间设施的清洁;

⑤防止润滑油、燃料、清洗消毒用品、冷凝水及其他物理、化学和生物等污染物对食品造成安全危害;

⑥正确标注、存放和使用各类有毒化学物质;

⑦保证与食品接触的员工的身体健康和卫生;

⑧清除和预防鼠害、虫害。

SSOP 的实施可以将 GMP 法规中有关卫生方面的要求具体化,并根据法规和企业具体条件转化为具体可操作的指导性文件。SSOP 的正确确定和有效实施能够有效地减少 HACCP 计划中的关键控制点(CCP)数量,使得食品生产中的卫生控制符合要求。一旦卫生要求符合 SSOP 和 HACCP 的 CCP 的要求,就可以将注意力集中到其他生产过程中的危害控制。

SSOP 是为了切实落实 GMP 卫生法规的要求所制定的符合生产过程的可操作规范和具体程序。GMP 是政府颁布的具有强制性的卫生法规,SSOP 是企业根据 GMP 需要而由企业自行编制的卫生标准操作程序,企业通过实施自己的 SSOP 达到 GMP 的要求。SSOP 规定了生产过程中的生产车间、设施设备、生产用水(冰)、食品接触面的卫生、雇员的健康与卫生控制、食品间病菌的交叉感染及虫害的防治等的要求和措施。

6.2.1 水和冰的安全

生产用水(冰)的卫生质量对食品卫生的影响非常大,所以食品厂建厂时应有充足的水源。食品加工时首先要注意保证用水的安全。在生产时应注意与食品接触或与食品接触表面接触用水(冰)应符合有关卫生标准,同时要注意非生产用水及污水处理的交叉污染问题。

控制水和冰的卫生安全应注意的是：

①与食品和食品表面接触的水的安全供应；

②制冰用水的安全供应；

③生产用水与非生产用水没有交叉联系。

水源可分为自备水和公共用水。自备水是自然界中存在的水，如江河湖泊的水、海水以及井水都属于自备水源。使用自备水源时应考虑自备水源的周围环境、季节变化和周围污水排放等因素。公共水源主要指城市自来水，采用公共水源时要符合国家饮用水标准。企业的生产用水可分为生产用水和非生产用水，非生产用水不会与食品或食品表面接触，而是作为循环水、冷凝水等使用，所以在需要两种供水系统存在的企业应将两种供水系统分开，防止生产用水和非生产用水的交叉感染。

水中可能存在的危害主要有：

①物理性危害，如水中存在的浮尘、胶体和可见物理污染物(沙、石、泥土等)；

②化学性危害，如农药污染、工业污染、重金属污染等；

③生物危害，主要是微生物危害，如病毒、细菌、寄生虫等危害。

生产用水应该达到一定的标准，如使用公共用水时，应符合《国家饮用水标准》(GB 5749—85)，包含 35 项，在国家标准中对总菌数、大肠杆菌数有明确要求，致病菌不允许检出，为达到标准，企业会对水进行加氯、紫外杀菌或臭氧杀菌，因此国家标准中还对游离氯含量作出规定。使用海水时应符合 GB 3097—1997。在特定的食品中水的质量有特定的标准，如软饮料行业中用水的质量标准应符合 GB 1079—89。

对于用水质量必须保持监控，主要是针对水中的余氯和微生物数量进行检测，对于余氯的检测采用试纸、比色法进行检测，对于微生物数量检测应根据国家标准要求进行检测。监控可分为企业自行监控和政府部门的监控，对于公共用水，企业自行监控应保持实时监测，对于余氯应该每天都进行抽样检测，并在一年中所有的水龙头都应该检测到，微生物数量检测至少每月一次，政府部门的监控主要由当地卫生部门负责，对于公共用水全项目至少每年一次并完成报告正本。对于自备水源监测频率要增加。

用水安全需要完好的供水设施，如果遭到损坏后要立即进行维修，管道设计时要防止冷凝水集聚下滴污染裸露的加工食品，防止饮用水管、非饮用水管及排污水管间的交叉污染。供水设备主要包括：

①具有防虹吸设备，水管离水面距离应两倍于水管直径，防止水的倒流；

②洗手水龙头应设置非自动开关；

③加工案台等应将废水直接导入下水道装置；

④备有高压水枪；

⑤使用的软水管要求为浅色不易发霉的材料制成；

⑥有蓄水池的工厂，水池要有完善的防尘、防虫鼠措施，并进行定期清洗消毒。在操作过程中应该注意防止用水的较差污染，如清洗、解冻时需要用流动水，清洗时防止污水溢溅，采用软水管时应吊起，不能拖到地面也不能直接浸入水槽中。工厂应保持详细的供水网络图，便于日常对生产供水系统的管理和维护。

对于生产废水的排放应符合国家环保部门的规定，符合卫生防疫的要求，卫生处理地点和排放点应选择远离生产车间的位置。对于废水排放，要求地面有一定坡度易于排水，加工用水、台案或清洗消毒池的水不能直接流到地面，地沟（明沟、暗沟）要加篦子（易于清洗、不生锈），水流向要从清洁区到非清洁区，与外界接口要防异味、防蚊蝇。

用冰时除符合饮用水标准，其制冰设备和器具也须保持良好的清洁卫生状况，冰的存放、粉碎、运输、盛装贮存都必须在卫生条件下进行，防止与地面的接触造成污染。

在监控时发现加工用水存在问题或管道出现交叉连接时应终止使用这种水源和加工过程，直至问题解决。

6.2.2 食品接触表面的清洁

保持食品接触表面的清洁是为了防止污染食品。与食品接触表面一般包括：直接（加工设备、工器具和台案、加工人员的手或手套、工作服等）和间接（未经清洗消毒的冷库、卫生间的门把手、垃圾箱等）两种。

①食品接触表面在加工前和加工后都应彻底清洁，并在必要时消毒。加工设备和器具的清洗消毒：首先必须进行彻底清洗（除去微生物赖以生长的营养物质、确保消毒效果），再进行冲洗，然后进行消毒[82 ℃水（如肉类加工厂）、消毒剂（如次氯酸钠 100 ~ 150 mg/L）、物理方法（如紫外线、臭氧等）]。加工设备和器具的清洗消毒的频率：大型设备在每班加工结束之后，工器具每 2 ~ 4 h，加工设备、器具（包括手）被污染之后应立即进行。

②检验者需要判断是否达到了适度的清洁，为达到这一点，他们需要检查和监测难清洗的区域和产品残渣可能出现的地方，如加工台面下或钻在桌子表面的排水孔内等是产品残渣聚集、微生物繁殖的理想场所。

③设备的设计和安装应易于清洁，这对卫生极为重要。设计和安装应无粗糙焊缝、破裂和凹陷，表里如一，以防止避开清洁和消毒化合物。在不同表面接触处应具有平滑的过渡。另一个相关问题是虽然设备设计得好，但已超过它的可用期并已刮擦或坑洼不平以至于它不能被充分地清洁，那么这台设备应修理或替换掉。

设备必须用适于食品表面接触的材料制作。要耐腐蚀、光滑、易清洗、不生锈。多孔和难于清洁的木头等材料，不应被用作为食品接触表面。食品接触表面是食品可与之接触的任意表面。若食品与墙壁相接触，那么这堵墙是一个产品接触表面，需要一同设计、满足维护和清洁要求。

其他的产品接触表面还包括由于手接触后不再经清洁和消毒而直接接触食品的表面，例如，不能充分清洗和消毒的冷藏库、卫生间的门把手、垃圾箱和原材料包装。

④手套和工作服也是食品接触表面，手套比手更容易清洗和消毒，有条件的可选择一次性手套，或者是不易破损的非线手套，每一个食品加工厂应提供适当的清洁和消毒程序。工作服应集中清洗和消毒，应有专用的洗衣房，洗衣设备、能力，要与实际相适应，不同区域的工作服要分开，并每天清洗消毒（工作服是用来保护产品的，不是保护加工人员的）。不使用时它们必须储藏于不被污染的地方。

工器具清洗消毒的几点注意事项：选择特定区域为消毒场所；推荐使用热水、注意蒸汽排放和冷凝水；要用流动的水；注意排水问题；注意科学程序，防止清洗剂、消毒剂的残留。

在检查发现问题时应采取适当的方法及时纠正，如再清洁、消毒时检查消毒剂浓度并进行记录在培训员工时进行更改。记录包括检查食品接触面状况;消毒剂浓度;表面微生物检验结果等。记录的目的是提供证据,证实工厂消毒计划充分并已执行,发现问题能及时纠正。

6.2.3 交叉污染的防止

交叉污染是通过生的食品、食品加工者或食品加工环境把生物或化学的污染物转移到食品的过程。此方面涉及原材料和熟食产品的隔离、预防污染的人员要求和工厂预防污染的设计。

(1)人员要求

工作时先清洗和消毒能防止污染。手清洗的目的是去除有机物质和暂存细菌,所以消毒能有效地减少和消除细菌。但如果工作人员戴着珠宝或涂抹手指,佩带管形、线形饰物或缠绷带,手的清洗和消毒将不可能有效。有机物藏于皮肤和珠宝或线带之间是导致微生物迅速生长的理想部位,当然也成为污染源。因此工作人员不应佩戴首饰和涂抹化妆品等。个人物品也能导致污染所以也需要远离生产区存放,因为他们能从加工厂外引入污物和细菌,所以已进入厂区就应该放在特定位置,存放设施不必是精心制作的小室,它甚至可以是一些远离厂区的小柜子。

在加工区内吃、喝或抽烟等行为不应发生,这是基本的食品卫生要求。在几乎所有情况下,手经常会靠近鼻子,约50%的人鼻孔内有金黄色葡萄球菌。皮肤污染也是一个相关点。未经消毒的肘、胳膊或其他裸露皮肤表面不应与食品或食品接触表面相接触。

(2)隔离

防止交叉污染的一种方式是工厂的合理选址和车间的合理设计布局。一般在建造以前应本着减小问题的原则反复查看加工厂草图,提前与有关部门取得联系。这个问题一般是在生产线增加产量和新设备安装时发生。

食品原材料和成品必须在生产和储藏中分离以防止交叉污染。可能发生交叉污染的例子是生、熟品相接触,或用于储藏原料的冷库同样储存了即食食品。原料和成品必须分开,原料冷库和熟食品冷库分开是解决这种交叉污染的最好办法。产品贮存区域应每日检查。另外注意人流、物流、水流和气流的走向,要从高清洁区到低清洁区,要求人走门、物走传递口。

(3)人员操作

人员操作也能导致产品污染。当人员处理非食品的表面,然后又未清洗和消毒手就处理食物产品时易发生污染。

食品加工的表面必须维持清洁和卫生。这包括保证食品接触表面不受一些行为的污染,如把接触过地面的货箱或原材料包装袋放置到干净的台面上,或因来自地面或其他加工区域的水、油溅到食品加工的表面而污染。

若发生交叉污染要及时采取措施防止再发生;必要时停产直到改进;如有必要,要评估产品的安全性;记录采取的纠正措施。一般包括:每日卫生监控记录、消毒控制记录、纠正措施记录。

6.2.4 手清洁、消毒和卫生间设施的维护

手的清洗和消毒的目的是防止交叉污染。一般的清洗方法和步骤为:清水洗手,擦洗手

皂液,用水冲净洗手液,将手浸入消毒液中进行消毒,用清水冲洗,烘干手。

手的清洗和消毒台需设在方便之处,且有足够的数量,流动消毒车也是一种不错的方式。但它们与产品不能离得太近,不应构成产品污染的风险。需要配备冷热混合水、皂液和干手器,或其他适宜的如像热空气的干手设备。手的清洗台的建造需要防止再污染,水龙头以膝动式、电力自动式或脚踏式较为理想。检查时应包括测试一部分的手清洗台以确信它能良好工作。清洗和消毒频率一般为:每次进入车间时;加工期间每 30 min 至 1 h 进行 1 次;当手接触了污染物、废弃物后等。

普通的操作是利用工作台上消毒液的作用。这是为了加工人员防止弄脏他们的手或设备时所用的消毒,以使微生物保持最低数量。但即使在最好的消毒状况下,这也不是彻底有效的。因为手和设备带有有机物质,其可能使细菌免于消毒剂的作用。在通常情况下,消毒剂在氧化有机物时就被用光,而没有剩余的消毒剂阻止细菌生长。这样,这些消毒剂实际上成为一个污染源,不应鼓励。标准洗手方法如图 6.1 所示。

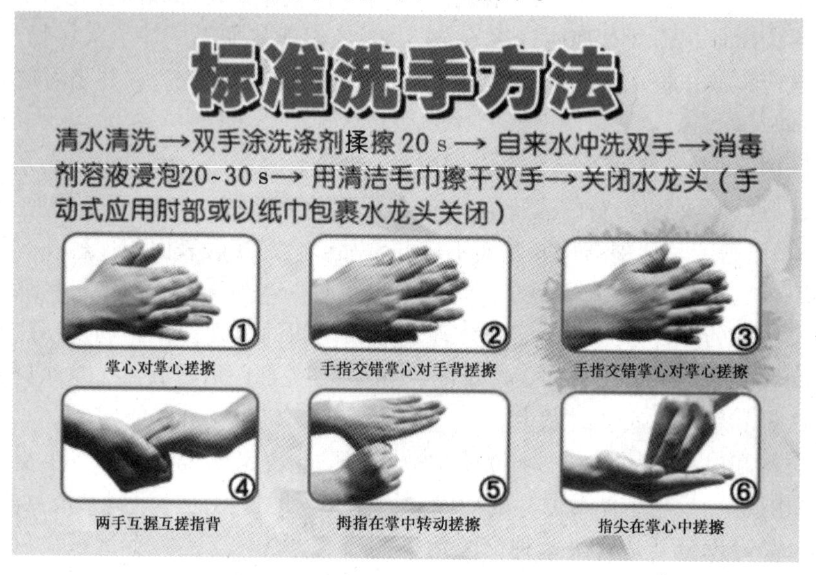

图 6.1 标准洗手方法

卫生间需要进入方便、卫生和良好维护,具有自动关闭、不能开向加工区的门。这关系到空中或飘浮的病原体和寄生虫进入。检查应包括每个工厂的每个厕所的冲洗。如果便桶周围不密封,人员可能在鞋上沾上粪便污物并带进加工区域。卫生间的设施要求:位置要与车间相连接,门不能直接朝向车间,通风良好,地面干燥,整体清洁;数量要与加工人员相适应;使用蹲坑厕所或不易被污染的坐便器;清洁的手纸和纸篓;洗手及防蚊蝇设施;进入厕所前要脱下工作服和换鞋;一般情况下要达到三星级酒店的水平。

6.2.5 防止外来污染物污染

食品加工企业经常要使用一些化学物质,如润滑剂、燃料、杀虫剂、清洁剂、消毒剂等,生产过程中还会产生一些污物和废弃物,如冷凝物和地板污物等。下脚料在生产中要加以控制,防止污染食品及包装。关键卫生条件是保证食品、食品包装材料和食品接触面不被生物的、化学的和物理的污染物污染。

加工者需要了解可能导致食品被间接或不被预见的污染,而导致食用不安全的所有途径,如被润滑剂、燃料、杀虫剂、冷凝物和有毒清洁剂中的残留物或烟雾剂污染。工厂的员工必须经过培训,达到防止和认清这些可能造成污染的间接途径。可能产生外部污染的原因如下:

(1)有毒化合物的污染

非食品级润滑油被认为是污染物,因为它们可能含有毒物质;燃料污染可能导致产品污染;只能用被允许的杀虫剂和灭鼠剂来控制工厂内害虫,并应该按照标签说明使用;不恰当地使用化学品、清洗剂和消毒剂可能会导致食品外部污染,如直接的喷洒或间接的烟雾作用。当食品、食品接触面、包装材料暴露于上述污染物时,应被移开、盖住或彻底地清洗;员工们应该警惕来自非食品区域或邻近的加工区域的有毒烟雾。

(2)因不卫生的冷凝物和死水产生的污染

被污染的水滴或冷凝物中可能含有致病菌、化学残留物和污物,导致产品被污染;缺少适当的通风会导致冷凝物或水滴滴落到产品、食品接触面和包装材料上;地面积水或池中的水可能溅到产品或接触面上,使得产品被污染。

水滴和冷凝水较常见,且难以控制,易形成霉变。一般采取的控制措施有:顶棚呈圆弧形、良好通风、合理用水、及时清扫、控制车间温度稳定、提前降温、拉干等。包装材料的控制方法常用的有:通风、干燥、防霉、防鼠;必要时进行消毒;内外包装分别存放。食品贮存时物品不能混放,且要防霉、防鼠等。化学品的正确使用和妥善保管。

任何可能污染食品或食品接触面的掺杂物,建议在开始生产时及工作时间每 4 h 检查 1 次,并记录每日卫生控制情况。

6.2.6 有毒化合物的处理、贮存和使用

食品加工需要特定的有毒物质,这些有害有毒化合物主要包括洗涤剂、消毒剂(如次氯酸钠)、杀虫剂(如 1605)、润滑剂、试验室用药品(如氰化钾)、食品添加剂(如硝酸钠)等。没有它们工厂的设施无法运转,但使用时必须小心谨慎,按照产品说明书使用,做到正确标记、贮存安全,否则会导致企业加工的食品被污染的风险。

所有这些物品需要适宜的标记并远离加工区域,应有主管部门批准生产、销售、使用的证明;主要成分、毒性、使用剂量和注意事项;带锁的柜子;要有清楚的标识、有效期;严格的使用登记记录;自己单独的贮藏区域,如有可能,清洗剂和其他毒素及腐蚀性成分应贮藏于密贮存区内;要由经过培训的人员进行管理。

6.2.7 雇员的健康状况

食品加工者(包括检验人员)是直接接触食品的人,其身体健康及卫生状况直接影响食品卫生质量。管理好患病或有外伤或其他身体不适的员工,他们可能成为食品的微生物污染源。对员工的健康要求一般包括:

不得患有碍食品卫生的传染病(如肝炎、结核等);不能有外伤、化妆、佩带首饰和带入个

人物品;必须具备工作服、帽、口罩、鞋等,并及时洗手消毒。应持有效的健康证,制订体检计划并设有体验档案,包括所有和加工有关的人员及管理人员,应具备良好的个人卫生习惯和卫生操作习惯。

涉及有疾病、伤口或其他可能成为污染源的人员要及时隔离。食品生产企业应制订卫生培训计划,定期对加工人员进行培训,并记录存档。

6.2.8 害虫的灭除和控制

害虫主要包括中啮齿类动物、鸟和昆虫等携带某种人类疾病源菌的动物。通过害虫传播的食源性疾病的数量巨大,因此,虫害的防治对食品加工厂是至关重要的。害虫的灭除和控制包括加工厂(主要是生产区)全范围,甚至包括加工厂周围,重点是厕所、下脚料出口、垃圾箱周围、食堂、储藏室等。食品和食品加工区域内保持卫生对控制害虫至关重要。

去除任何产生昆虫、害虫的滋生地,如废物、垃圾堆积场地、不用的设备、产品废物和未除尽的植物等是减少吸引害虫的因素。安全有效的害虫控制必须由厂外开始。厂房的窗、门和其他开口,如开的天窗、排污洞和水泵管道周围的裂缝等能进入加工设施区。采取的主要措施包括:清除滋生地和预防进入的风幕、纱窗、门帘,适宜的挡鼠板、翻水弯等;还包括产区用的杀虫剂、车间入口用的灭蝇灯和粘鼠胶、捕鼠笼等。但不能使用灭鼠药。

家养的动物,如用于防鼠的猫和用于护卫的狗或宠物不允许养在食品生产和贮存区域。由这些动物引起的食品污染构成了同动物害虫引起的类似风险。

存在的主要问题在于:不注重日常工作,应付检查为主,记录不真实,方法不当,效果不佳。

在建立 SSOP 之后,企业还必须设定监控程序,实施检查、记录和纠正措施。企业要在设定监控程序时描述如何对 SSOP 的卫生操作实施监控。它们必须指定何人、何时及如何完成监控。对监控结果要检查,对检查结果不合格的还必须要采取措施加以纠正。对以上所有的监控行动、检查结果和纠正措施都要记录,通过这些记录说明企业不仅制订并实行了 SSOP,而且行之有效。

食品加工企业日常的卫生监控记录是工厂重要的质量记录和管理资料,应使用统一的表格,并归档保存。

卫生监控记录表格基本要素为:被监控的某项具体卫生状况或操作,以预先确定的监控频率来记录监控状况,记录必要的纠正措施。

监控程序应包括:实行了什么程序和规范,如何实行?由谁对实施卫生程序负责?实施卫生操作的频率和地点?建立卫生计划的监控记录。

卫生计划中的监控和纠正措施的记录,将说明卫生计划在正常运转。另外,记录也可以帮助指出存在的问题和发展的趋势,还可以显示出卫生计划中需要改进的地方。

遵守 SSOP 是非常必要的,SSOP 能极大地提高 HACCP 计划的效力。

6.3 危害分析与关键控制点(HACCP)原理

HACCP是在生产(加工)食品过程中对原料、关键生产工序及影响产品安全的人为因素进行分析,确定加工过程中的关键环节,建立、完善监控程序和监控标准采取规范纠错措施的一种控制手段,是对可能发生在食品加工环节中的危害进行评估,进而采取控制的一种预防性的食品安全控制体系,可以有效地将危害预防、消除或降低到消费者可接受的水平,从而为消费者提供更安全的食品。

HACCP系统是在20世纪60年代由美国承担开发宇航食品的Pillsbury公司的研究人员H. Bauman博士等与宇航局和美国陆军Natick研究所共同开发的。宇航员在航天飞行中使用的食品必须安全。要想明确判断一种食品是否能为空间旅行所接受,必须做极为大量的检验。除了费用以外,每生产一批食品的绝大部分必须用于检验,仅留下小部分提供给空间飞行。这些早期的认识导致逐渐形成了"危害分析与关键控制点(HACCP)"体系。

1971年在美国第一次国家食品保护会议上Pillsbury公开提出了HACCP的原理,立即被食品药物管理局(FDA)接受,并决定在低酸罐头食品的良好操作规范(GMP)中采用。以后美国逐渐将HACCP的应用发展到冷冻食品、新鲜食品、肉禽类产品、水产品等的生产和加工过程中。近年来,HACCP已经在国际上得到了充分的应用和发展。如欧盟、中国、英国、日本、加拿大等食品生产过程安全标准的建立都采用HACCP或依据HACCP制订相应的规定。

传统的质量保证模式,以产品终端检验为产品质量把关的关键环节,奉行的是"不让不合格产品出厂"的原则和理念。然而,通常要等到产品检验结果出来以后才知道生产过程控制出了问题,才去查找原因和采取应对措施。作为预防性的食品安全卫生控制手段,HACCP所强调的是对食品生产过程中各种有可能发生的食品安全危害进行预防性评估,并在此基础上确定出针对危害的预防控制措施,所奉行的是"不生产不合格产品"的理念。

依靠产品检验进行质量把关,企业往往无法摆脱检验结果滞后、样品代表性,以及检验结果准确性的问题。因为,对于那些在厂内贮存期有限,保质期短的食品,要等到耗时的检验报告是不现实的。作为为检验而抽取的样品,其代表性是有限的,而企业又不可能无限制地扩大取样的规模。操作人员的因素、仪器精确度和灵敏度的因素,以及检验方法的合理性等因素,则使我们只能得到一个相对准确的检验结果。

HACCP所要求的,则是用系统的、可操作的措施,对食品安全危害以致其他质量危害实施主动、预防性的控制。因此,HACCP的引入将有助于我们的企业进一步完善质量保证体系,使之更合理、更科学。以HACCP为基础的食品安全体系,是以HACCP的7个原理为基础的。

原理1:危害分析(Hazard Analysis,HA)。

危害分析与预防控制措施是HACCP原理的基础,也是建立HACCP计划的第一步。企业应根据所掌握的食品中存在的危害以及控制方法,结合工艺特点,进行详细的分析。

原理2:确定关键控制点(Critical Control Point,CCP)。

关键控制点(CCP)是能进行有效控制危害的加工点、步骤或程序,通过有效地控制——防止发生、消除危害,使之降低到可接受的水平。

CCP 或 HACCP 是产品/加工过程的特异性决定的。如果出现工厂位置、配合、加工过程、仪器设备、配料供方、卫生控制和其他支持性计划,以及用户的改变,CCP 都可能改变。

原理 3:确定与各 CCP 相关的关键限值(CL)。

关键限值是非常重要的,而且应该合理、适宜、可操作性强、符合实际和实用。如果关键限值过严,即使没有发生影响到食品安全危害,而就要求去采取纠偏措施,如果过松,又会造成不安全的产品到了用户手中。

原理 4:确立 CCP 的监控程序,应用监控结果来调整及保持生产处于受控。

企业应制订监控程序并执行,以确定产品的性质或加工过程是否符合关键限值。

原理 5:确立经监控认为关键控制点有失控时,应采取纠正措施(Corrective Actions)。

当监控表明,偏离关键限值或不符合关键限值时采取的程序或行动,如有可能,纠正措施一般应是在 HACCP 计划中提前决定的。纠正措施一般包括两步:

第 1 步:纠正或消除发生偏离 CL 的原因,重新加工控制。

第 2 步:确定在偏离期间生产的产品,并决定如何处理。采取纠正措施包括产品的处理情况应加以记录。

原理 6:验证程序(Verification Procedures)。

用来确定 HACCP 体系是否按照 HACCP 计划运转,或者计划是否需要修改,以及再被确认生效使用的方法、程序、检测及审核手段。

原理 7:记录保持程序(Record-keeping Procedures)。

企业在实行 HACCP 体系的全过程中,须有大量的技术文件和日常的监测记录,这些记录应是全面的,记录应包括:体系文件,HACCP 体系的记录,HACCP 小组的活动记录,HACCP 前提条件的执行、监控、检查和纠正记录。

食品生产加工过程中的危害主要是指可影响食品安全性和质量的不能接受的污物、细菌,或是食品产生、存留的(诸如毒素、酶或微生物的代谢产物等)不能接受的物质,这些物质能引起食品安全和质量问题。食品中的危害可分为安全危害和品质危害。

①食品安全危害是在食品生产加工过程中可能出现的能够导致人体健康危害的生物、化学或物理因素。

生物性危害可分为以下几种:

a. 致病菌危害:如沙门氏菌、肉毒梭状孢杆菌、李斯特杆菌、空肠弯曲杆菌、金黄色葡萄球菌、霍乱弧菌、产气荚膜杆菌、蜡样芽孢杆菌等,这些致病菌在食品中是不允许检出的。

b. 霉菌:如曲菌属、镰刀菌属。

c. 病毒:如黄曲霉毒素、甲肝病毒、轮状病毒、诺瓦病毒等。

d. 寄生虫:原虫和蠕虫,如原虫、蛔虫、绦虫、吸虫等。

e. 藻类:如腰鞭毛虫、蓝绿藻、金褐色藻等。

我们应当通过卫生控制防止食品的污染和交叉感染,并通过蒸煮、巴氏杀菌、适当地控制温度等措施控制生物性危害的产生。

②化学性危害在食品生产和加工过程的任何阶段都有可能存在和产生,而且其种类非常繁多。一般可将化学危害分成天然存在的和人为造成的。

a. 天然存在的化学危害:如蘑菇毒素、银杏、马铃薯芽、麻黄碱、类秋水仙碱、氰苷、血凝素、犬莞素、植物激素以及对人体有害的生物碱等。

b. 人为造成的化学危害:如农药残留、重金属污染、兽药等。人为因素造成的化学危害又可分为有意和无意两类,有意的危害一般为可以改变食品感官性状和保质期的食品添加剂,如防腐剂、营养强化剂、色素等,无意的危害为农用的化学物质、食品法规禁用的化学品、有毒元素和化合物、工厂化学用品等。为此我们应当从源头控制做好原料的分析检测工作,杜绝化学危害的产生。

③物理性危害包括任何在食品中发现的不正常的有潜在危害的外来物。当一个消费者误食了外来的材料或物体,可能引起窒息、伤害或产生其他有害健康的问题。物理性危害最常见的是消费者投诉的问题。因为伤害立即发生或吃后不久发生,并且伤害的来源是经常容易确认的,如玻璃、金属、石头、树枝、木片、首饰等。食品与金属的接触,特别是机器的切割和搅拌操作及使用过程中部件可能破裂或脱落的设备,如金属网眼皮带,都可使金属碎片进入产品。此类碎片对消费者构成危害。物理危害可通过对产品采用金属探测装置或经常检查可能损坏的设备部位来予以控制。

食品危害的来源可分为从原料、辅料以及包装材料带入和在生产过程中产生。

①从原料、辅料以及包装材料带入。如接收的果蔬类原料上有农药残留,禽肉类原料中有畜药残留;或者是原料本身天然存在的对人体有害的化学物质,如黄豆含有的皂苷等。

②在生产过程中产生,如原料和半成品在输送和加工过程中滞留时间过长,导致病菌繁殖和产生毒素。或者是在加工过程中介入,如生产车间卫生状况差,设备工具不清洁,工人不遵守良好卫生操作规范而导致加工过程中的产品受到有害菌的污染;设备上残留的消毒剂或机油对产品造成的污染,以及加入错误的配料成分,添加剂超量加入等。认识到食品安全危害的来源和种类将有助于我们对具体的产品进行系统的危害分析。

6.4 危害分析与关键控制点体系认证标准

6.4.1 危害分析与关键控制点体系认证标准

国家认监委发布的《危害分析与关键控制点体系认证实施规则》(CNCA-N-008:2011)(〔2011〕35 号公告)规定,危害分析与关键控制点体系认证为:《食品生产通用卫生规范》(GB 14881—2013)、《危害分析与关键控制点体系——食品生产企业通用要求》(GB/T 27341—2008),其中《食品生产通用卫生规范》(GB 14881—2013)适用于各类食品的生产,规定了选址及厂区环境,厂房和车间,设施与设备,卫生管理,食品原料、食品添加剂和食品相关产品,生产过程的食品安全控制，检验，食品的贮存和运输，产品召回管理，培训，管理制度和人员，记录和文件管理的卫生要求，该标准与修订前相比更注重源头控制和过程控制，并增加了产品追溯和召回、记录和管理文件的要求以及附录内容“食品加工环境微生物监控程序指南”。《危害分析与关键控制点体系——食品生产企业通用要求》(GB/T 27341—2008)规定了食品生产企业危害分析与关键点控制体系的通用要求，保证符合标准要求的企业提供的产品符合法律和顾客的要求，主要内容包括原辅料和食品包装采购、加工、包装、贮存、装运等，并且适用于食品企业的 HACCP 建立、实施和评价，规定了 HACCP 认证和内审的程序和要求。

6.4.2 乳制品生产企业危害分析与关键控制点体系认证标准

国家认监委发布的《乳制品生产企业危害分析与关键控制点体系认证实施规则(试行)》(国家认监委〔2009〕16 号)规定乳制品生产企业危害分析与关键控制点(HACCP)体系认证为:《危害分析与关键控制点体系——食品生产企业通用要求》(GB/T 27341—2008)、《危害分析与关键控制点体系——乳制品生产企业要求》(GB/T 27342—2008)、《乳制品良好生产规范》(GB 12693—2010)，其中《乳制品良好生产规范》(GB 12693—2010)与《食品生产通用卫生规范》(GB 14881—2013)适用于各类食品的生产内容相似，包括选址和厂区环境、厂房和车间、设备、卫生管理、原料和包装材料的要求、生产过程的食品安全控制、检验、产品的贮存和运输、产品的追溯和召回、培训、管理机构和人员、记录和文件的管理，只是更加针对乳品生产企业。而《危害分析与关键控制点体系——乳制品生产企业要求》(GB/T 27342—2008)主要是针对乳制品的生产过程提出了 HACCP 体系的建立、实施和改进的要求，主要包括物料杀菌与灭菌、添加剂与配料、包装的安全控制、冷链控制等要求，中国电信强调生鲜乳等原料的运输、贮存、验收和辅料及包装材料的接收和贮存等要求，强化了生产源头与过程控制。GB 12693—2010 乳制品良好生产规范对乳品企业的卫生提出了明确要求，包括选址和厂区环境、厂房和车间、设备、卫生管理、原料和包装材料的要求、生产过程的食品安全控制、检验、产品的贮存和运输、产品的追溯和召回、培训、管理机构和人员、记录和文件的管理。

6.5 危害分析与关键控制点体系内部审核

内部审核，有时称为第一方审核，由组织自己或以组织的名义进行，用于管理评审和其他内部目的，可作为组织自我合格声明的基础。在许多情况下，尤其是小型组织内，可以由与审核活动无责任关系的人员进行，以证实独立性。内部审核是企业为了检查自身的质量保证体系是否得到有效的实施而进行内部质量体系审核，以便向管理机构表明申请审核的可行性，并向客户表明本企业产品的可靠性。内部审核是外部审核的前提和基础。外部审核通常包括相关方(如顾客)、独立机构、官方验证 3 个方面，具体区别见表 6.1。

表6.1 第一方审核、第二方审核和第三方审核的区别

审核方式	第一方审核	第二方审核	第三方审核
审核目的	改进自身HACCP体系,提高自身安全控制水平	决定是否批准签订购货合同	决定是否批准对某一组织的认证注册
审核内容	GMP、SSOP、HACCP计划和记录	GMP、SSOP、HACCP计划和记录	GMP、SSOP、HACCP计划和记录
审核重点	发现问题,采取纠正措施	寻找与审核依据相符合的客观证据	寻找与审核依据相符合的客观证据
审核依据次序	1. HACCP体系文件; 2. 法律法规; 3. 顾客合同	1. 顾客合同; 2. 相关标准; 3. 法律法规; 4. HACCP体系文件	1. 通用标准; 2. 法律法规; 3. HACCP体系文件; 4. 顾客合同
提建议能力	很大(永远有提建议的权利)	取决于顾客方针和合同的大小	不提
影响力	表面上很小,实际上很大	取决于合同的大小及顾客的管理水平	表面上很大,实际上很小
审核时间	自己掌握,较充足	事先约定	按照有关规定执行,通常只有几天
审核范围	可以灵活掌握	按合同约定	审核组长与受审核方共同约定

内部审核具有系统性、独立性、正式性,审核是一个抽样的过程,抽样要有一定的代表性,也有一定的风险。审核是一种正规的、按照所形成的文件要求,按照事先策划好的步骤进行审核,而且是独立进行的,不受任何干扰。体系审核的内容包括组织的过程是否被确定;过程是否被充分的展开并贯彻实施;实施的证据是否证明符合要求。

当组织已经建立了食品安全管理体系,并按规范进行运行,则必须同时建立定期审核制度,以确定体系是否符合计划安排。如果没有一个内部审核环节,体系运行就不能保持或改进。从审核环节的重要性来看,组织应设立内部审核员岗位(即内审员),可以专职也可以兼职,以承担对本组织的内部定期审核,而且按规定向管理者提交审核报告,揭示运行状况存在问题及改进意见。

内审需要有与审核责任无关的独立人员,并且经过培训具有内审能力的人员。内审员主要职责为:

①监督组织的食品安全管理体系运行,及时发现问题加以解决。

②对保持和改进食品安全管理体系起参谋作用,可以在审核中针对发现的不符合项帮助受审部门分析原因并提出改进措施和建议。

③可以成为沟通领导和群众之间的纽带。内审员一般可以在审核中与各部门员工广泛

交流和接触,起宣传解释、联络和沟通的作用。

④在第三方审核中起内外接口的作用。内审员在第三方审核中往往担任联络员、陪同人员等,不仅可以提供情况,而且可以把外审员的意见传递给组织领导,得以迅速改进。

内部审核主要审核企业从管理到生产,从制度到操作是否符合 HACCP 管理体系的规定,审核的重点为企业建立和实施 HACCP 管理体系的证明文件或认证机构的 HACCP 认证文件;企业 HACCP 计划的合理性,即对所有潜在的显著危害进行全面合理的分析,提出适当的控制措施;企业 HACCP 计划实施的有效性,即 HACCP 计划的实施情况以及实施后企业及产品安全卫生质量达到有效保证。

内部审核一般由审核策划、审核实施、报告和纠错 4 部分组成。其中审核策划过程中主要是制订审核计划、制订审核实施计划、编制审核检查表;审核实施过程主要是召开首次会议、现场审核、召开末次会议;报告主要是编制审核报告;纠错主要是纠正措施的实施和验证。

6.5.1 审核策划

审核方案策划即制订针对特定时间段所策划,并具有特定目的的一组(一次或多次)审核。审核方案包括策划、组织和实施审核的所有必要的活动。当质量管理体系和环境管理体系被一起审核时,称为“结合审核”。当两个或两个以上审核机构合作,共同审核同一个受审核方时,这种情况称为“联合审核”。

(1)审核方案的目的

应确定审核方案的目的以指导审核的策划和实施。这些目的可基于以下考虑:管理重点;商业意图;管理体系要求;法律法规和合同的要求;供方评价的需要;顾客要求;其他相关方的需求;组织的风险。

(2)审核方案的内容

审核方案的内容可以变化,并受被审核组织的规模、性质与复杂程度以及下列因素的影响:

①每次审核的范围、目的和期限;

②审核的频次;

③受审核活动的数量、重要性、复杂性、相似性和地点;

④标准、法律法规和合同的要求及其他审核准则;

⑤认可或认证/注册的需要;

⑥以往的审核结论或以往的审核方案的评审结果;

⑦语言、文化和社会因素;

⑧相关方的关注点;

⑨组织或其运作的重大变化。

内部审核检查表见表 6.2。

表6.2 内部审核检查表

审核项目	审核内容	符合	不符合	观察说明
水的安全	是否按规定频率和标准对生产加工用水进行检测?			
	是否有供、排水网络图?			
	是否将不同用途的水管予以标识?			
	是否对出水口安装有防虹吸装置?			
	对加工用水的检测是否有完整的监控记录或定期卫生控制记录?			
	是否有完整的卫生机构的水质检测报告?			
接触面的状况和清洁防止交叉污染	生产加工用设备、管道、工器具是否采用了不锈钢材料或食品级聚乙烯材料制造?			
	是否按规定频率和要求对生产加工用设备清洗消毒处理?			
	生产加工人员是否穿戴干净的工作服、工作鞋、工作帽、手套和防水围裙?			
	当与糖果接触的设备、管道表面和工作衣帽卫生状况不良时,是否彻底清洗消毒?			
	是否有清洗消毒设备管道和工作衣服的每日卫生控制记录或定期卫生控制记录?			
	原料是否干净卫生?			
	车间设施是否完好,布局是否合理?			
	生产操作员和管理人员进入车间是否穿戴工作衣、帽、鞋?			
	生产产生的废料垃圾是否及时清理出生产车间?			
	污水排放畅通并有污水处理设施?			
	是否拒收不干净卫生的原料?			
	是否完善了车间设施,使车间布局合理?			
	原料验收是否有记录?			
	是否有每日卫生控制记录、定期的卫生控制记录和人员培训记录?			
手的清洗、消毒及卫生间设施的维护	卫生间是否与更衣室、车间分开?			
	卫生间设施和卫生是否良好?			
	车间入口处、卫生间及车间内是否有洗手消毒设施?			
	是否清洗消毒了卫生间,必要时进行修复?			
	是否更换了洗手消毒设施和更换、调配了消毒剂?			
	是否有卫生间设施干净卫生的每日卫生控制记录?			

续表

审核项目	审核内容	符合	不符合	观察说明
防止污染物的危害	所用的清洁剂、酒精、消毒剂和润滑油是否有合格证明并单独存放保管？			
	与糖果直接接触的包装材料是否有供货方的 FDA 认可实验室的卫生检测报告？			
	包装结束后是否按不同品种、规格、批次加以标识，并存放于有温湿度控制设施的地方？			
	生产用燃料(煤、油等)是否存放在远离原料和成品的场所？			
	车间是否通风良好，有无冷凝水？			
	清洁剂、消毒剂、润滑油、酒精和包装材料的使用是否有验收记录和每日卫生控制记录？			
有毒化合物的标记、储藏和使用	生产加工中使用的所有有毒化合物是否有生产厂商提供的产品合格证明或含有其他必要的信息文件？			
	生产加工使用的有毒化合物是否在明显位置正确标记，是否单独存放和由专人保管？			
	是否严格按照说明及建议操作使用有毒化合物？			
	是否对无合格证明等资料的有毒化合物拒收？			
	标记或存放不当的有毒化合物是否被纠正？			
	有毒化合物的使用是否有记录？			
	有毒化合物的标记、储存和使用是否有定期卫生控制记录或每日卫生控制记录？			
	标记或存放不当的有毒化合物是否被纠正？			
员工的健康虫害控制	工作人员是否按规定体检？			
	工作人员是否患有可能污染糖果的传染病？			
	是否将可能污染糖果的患病人员调离原工作岗位或重新分配其工作岗位或不许上岗？			
	是否对未体检的工作人员进行体检，是否对体检不合格的工作人员调离原工作岗位或不许上岗？			
	有无每日卫生控制记录或人员健康检查记录？			
	加工车间、贮存库、物料库入口、窗户、通风口、排水口等处是否安装防鼠、虫设施？			
	生产加工企业是否定期灭除老鼠和害虫？			
	是否完善了防鼠、虫的设施？			
	是否有虫害控制设施的定期维护保养计划？			
	是否定期捕灭鼠、虫？			
	杀虫员是否经过相应的培训并持证上岗？			
	有无灭蝇、防鼠的每日卫生控制记录和定期卫生控制记录？			
	车间是否有虫害报告单随时报告所发现的害虫，并有跟进记录？			

续表

审核项目	审核内容	符合	不符合	观察说明
环境卫生	是否及时清理了污染源、杂物,整修地面?			
	厂区环境卫生是否干净?			
	地面、水沟是否有积水?			
	有无厂区环境卫生的每日卫生控制记录和定期卫生控制记录?			
检验检测卫生	实验室、采样和检测器具是否干净卫生?			
	实验室环境、采样和检测器具使用前后是否及时清洗消毒?			
	对实验室环境、采样和检测器具是否有每日卫生控制记录?			
培训	生产加工企业制定、重新评估和修改 HACCP 计划的人员以及从事 HACCP 记录审核的人员是否经过认可机构的培训,培训合格并颁发相应的证书?			
	生产加工人员(包括管理人员)是否经过 HACCP 培训?			
	关键控制点监控员、检测人员是否经过 HACCP 培训?			
	生产企业是否有年度培训计划,其内容是否包括 HACCP、GMP、SSOP、卫生知识等?			
	培训是否形成记录并保持良好?			
记录、监控、审核	记录是否按照规定的方式进行,记录是否完整、准确?			
	关键限值是否符合要求?			
	关键限值发生偏离时是否采取了纠偏行动?			
	检测监控设备是否进行了校准并符合 HACCP 计划的要求,是否对成品及生产加工过程的中间品进行了检测?			
	记录是否按计划要求的时间进行审核?			
	是否规定了经培训合格的操作员监控关键控制点?			
	有无监控检测设备,设备的灵敏度是否符合要求?			
	监控检测设备是否处于良好操作状态?			
	监控检测设备是否按计划规定校准?			
	监控检测设备结果记录是否及时准确?			

续表

审核项目	审核内容	符合	不符合	观察说明
HACCP计划	计划的签署和发布实施是否是企业最高负责人或更高一级的职员?			
	计划是否对各关键控制点建立了关键控制限值?			
	计划中建立的关键限值是否合理?			
	计划中是否指定了对关键控制限值的监控程序?			
	计划中的监控程序的方式和频率是否合理?			
	计划中对各关键控制限值是否建立了纠偏程序?			
	计划中对监控设备是否有校准程序?			
	计划中是否将支持 HACCP 计划的有关文件列入?			
	计划中是否将用于监控、验证的记录列入?			
	计划中所列的监控设备校准程序的方法和频率是否合适?			
	计划中的工艺流程图是否代表实际生产情况,是否经过现场验证?			
	危害分析是否有支持性文件?			
	HACCP 计划如何制订? 此计划是否涵盖了加工过程中与食品安全相关的各个方面?			
	是否所有加工步骤都进行了危害分析?			
	召回制度是否健全?			

审核员:　　　　　　　　　　　　批准:

审核日期:　　　　　　　　　　　日期:

6.5.2 实施审核

此项活动也分为以下 4 个阶段:首次会议;现场审核;观察记录;末次会议和报告。

(1)首次会议

首次会议为以后的活动作一个大致的安排,由审核员与被审核部门的管理者共同召开,双方将澄清审核的要求,明确审核中易发生的问题。

会议议程:

①准时到会;

②一般介绍;

③确认审核的范围、目标、目的、规范或标准、使用的程序、报告的格式以及使用抽样方法的声明;

④简单核查审核议程,确认审核员任务的分配和同意使用的设施;

⑤商定审核小组和被审核方的联系方式;

⑥商定审核的顺序和期限;

⑦如(必要时)使用向导,商定其职责;

⑧商定召开末次会议和临时性会议,确定其地点、形式和时间;

⑨澄清审核任务和方法等方面的问题。

(2)现场审核

审核是按照规定的HACCP体系的全部要求进行的,每项审核应按照制订的程序和计划进行。审核的目的是收集客观证据,填入"观察记录"表内。观察记录可成为客观证据,根据这些证据可对现行体系进行评估,验证其有效性和适用性,或识别体系中的不符合项,并通过商定的纠正措施加以改进。必须明确指出的是,发现的任何不符合项是被审核方体系自身的责任,与审核员无关。

(3)观察记录

观察记录收集了整个审核中关于HACCP体系有效性的全部客观证据,这些客观证据要记录到核查表中。可通过下列办法得到:

①寻找体系按规定要求运作的客观证据,证明该体系按规定运行。

②当发现明显的不符合项时,应该寻找客观证据。问题的出现是结果而不是原因,而客观证据=寻找原因。

③审查被审核方的HACCP体系,确保所有负责与体系有关的管理、执行和验证工作人员的职责、权力和相互关系都作了明确规定。

④审查被审核方HACCP体系文件的每项要求,以保证体系覆盖了所应满足的要求并有效执行。

⑤审查体系文件,按照主目录核查程序文件和工作指导书的完整性、适用性和版次。

⑥在被评审的工作区域寻找贯彻程序文件和工作指导书的客观证据。程序文件和工作指导书必须是现行有效版本,其分发应受到控制。

⑦检查专家、技术员和操作人员的培训和考核记录,尤其是需要专门技术的领域。

⑧跟踪纠正措施的贯彻效果。

⑨对已验收的工作随机抽查,并将结果与相应的要求、接收原则和采用的有关文件状态相比较。

⑩涉及工艺过程时,要审核工序控制和记录,以确定其符合标准。将整个审核中观察记录表所收集的全部客观证据记录到审核员的核查表中,然后检查这些证据,以决定是否有不符合项需要报告。

(4)末次会议和报告

末次会议通常在总裁办公室举行,邀请被审核方的高级管理者参加。具体如下:

①感谢被审核部门的合作。

②重申审核中使用了抽样的方法。

③请管理者在审核员报告之后再提出问题。

④讲述审核报告,包括详细的观察记录和不符合项报告。

⑤每个审核组成员可以单独报告,这对审核员是很好的锻炼。

⑥请大家对不清楚的问题提问,并就审核观察记录和不符合项报告达成一致意见。

⑦如有必要,向被审核方的管理者解释针对不符项应采取的纠正措施,请他们明确将采取的纠正措施、贯彻纠正措施的责任人以及完成的日期。可以允许被审核部门的管理者对商定的进度研究之后再达成协议;应使被审核部门的管理者明白,不符合项是他们自己的问题,与审核员无关。

⑧与被审核方的管理者商定需要采取的跟踪措施。这包括评审的日期、完成的通知方式以及其他相关协议。这些协议应记录在不符合项报告上。

⑨如果详细报告的草稿已准备好,应于此时讲述,包括相关的不符合项报告。

⑩商定保密措施、最终报告提交的日期和分发范围。

内审不符合报告见表6.3。

表6.3　内审不符合报告

编号:

<table>
<tr><td>受审核部门</td><td></td><td>部门负责人</td><td></td></tr>
<tr><td>审核员</td><td></td><td>审核日期</td><td></td></tr>
<tr><td colspan="4">不符合事实陈述:

不符合标准条款:

不符合类型:

审核员:　　　　日期:
审核组长:　　　　日期:</td></tr>
<tr><td colspan="4">不符合原因分析:

部门负责人:　　　　日期:</td></tr>
</table>

续表

<table>
<tr><td>纠正措施计划：

预定完成日期：

部门负责人：　　　　日期：
审核员认可：　　　　日期：</td></tr>
<tr><td>纠正措施完成情况：

部门负责人：　　　　日期：</td></tr>
<tr><td>纠正措施验证：

审核员：　　　　日期：</td></tr>
</table>

6.5.3 审核报告和审核记录

(1)审核报告

审核报告是审核小组组长在小组成员的协助下,根据核查表中的观察记录编写的,由审核小组组长签名。每个组员将得到一份副本。

审核报告应包含以下内容:

①审核宗旨及任务的介绍和描述;

②审核中所发现的情况,包括全部 NCR 的概述;

③审核中发现的情况,包括不符合项和根据体系要求商定措施的详细描述,通常应附上不符合项报告;

④上次审核中未解决的不符合项在这次审核中已解决的说明;

⑤关于商定纠正措施(含时间进度)的说明,可包含在不符合项报告中;

⑥同意的跟踪措施(可以包含在不符合项报告中);

⑦就发现问题的审核结果提出推荐意见。

内审报告见表6.4。

表6.4 内审报告

编号:

审核目的:	审核员:
审核范围:	审核日期:
审核依据:	
审核组长:(签字)	管理者代表:(签字)

(2)审核记录

审核记录是判断 HACCP 体系合适性的主要依据,也是审核已经执行的证据。

外部审核员或审核员在进行体系认证,或者需方、顾客或客户进行审核时,经常要检查审核记录。

HACCP 体系审核记录应按照审核程序规定的期限保管,主要包括:审核计划;审核报告及核查表;对报告的反应;NCR(不符合项报告)的副本;有效完成纠正措施的证据;所有的审核来往信函;跟踪报告;所有受过培训的审核员及其资格的清单;审核员的资格和培训记录应与其参加过的审核的报告保存同样长的时间。

6.5.4 纠正措施的完成和跟踪验证

(1)纠正措施的提出

审核组在现场审核中发现不合格项时,除要求受审部门负责人确认不合格事实外,还要求他们调查分析造成不合格的原因,提出纠正措施的建议,其中包括完成纠正措施的期限。

(2)纠正措施建议的认可与批准

受审部门负责人提出的纠正措施的建议首先要经过审核组的认可,审查该建议是否针对不合格的原因采取了措施,以及纠正措施的可行性及有效性。经过审核员认可的纠正措施还要经过质量负责人的批准,尤其是全局性的纠正措施或牵涉几个部门的纠正措施,质量负责人还要加以协调甚至请示最高领导后决定。经批准后,纠正措施建议变成正式的纠正措施计划。

(3)纠正措施计划的实施

内部质量体系审核中对纠正措施计划的实施期限规定视各单位情况而定,一般为15天。纠正措施实施如发生问题不能按期完成,须由受审部门向质量负责人说明原因,请求延期,质量负责人批准后,应通知质量管理部门修改纠正措施计划。

若在实施中发生困难,一个部门难以解决,应向质量负责人提出、请最高领导解决。若在实施中,几个有关部门之间对实施问题有争执,难以解决也应提请管理者代表协调或仲裁。应保存纠正措施实施中的有关记录。

(4)纠正措施的跟踪和验证

①跟踪验证。跟踪是审核的继续;对被审核方的纠正措施进行评审;促使被审核方采取有效的纠正和预防措施;验证纠正和预防措施的效果、有效性;对验证的情况进行记录。向认证机构提供符合体系要求的证据。

②纠正措施的跟踪、验证方式和记录。跟踪又分为书面跟踪和现场跟踪两种。书面跟踪:以书面文件的形式提供给审核员作为已进行了纠正和预防措施的证据。现场跟踪:审核员到现场进行跟踪验证。

审核组应对纠正措施实施情况进行跟踪,即关心和经常过问纠正措施完成的情况,发现问题及时向质量负责人反映。纠正措施完成后,审核员应对纠正措施完成情况进行验证。验证内容包括:计划是否按规定日期完成;计划中的各项措施是否都已完成;完成后的效果如何;实施情况是否有记录可查、记录是否按规定编号保存。如果某些效果要更长时间才能体现,可保留问题待下一次例行审查时再检查。审核员验证并认为纠正措施计划已完成后,在不合格报告验证一栏中签名,这项不合格项就得到了纠正,内部质量体系审核工作至此全部完成。

实训1 为一个巴氏杀菌乳危害分析与关键控制点认证选择认证公司并询价

现你为一家年产100万t巴氏杀菌乳公司HACCP认证小组负责人,公司董事会责成你完成公司的 HACCP 认证工作，目前市面上有多家认证公司可以进行认证，请问你是如何选择认证公司并作出认证工作的预算。

实训目标：培养学生学习乳品企业 HACCP 认证准备能力。

实训组织：学生分组，每组 4 人，安排学生角色，并按照规定准备相应的认证资料和认证公司资料，按照程序进行资料检验和询价。

实训成果：幻灯片和讲解。

实训评价：学生评价、组内评价和教师评价等，具体表格请各位编写老师设计。

实训 2　编写一套巴氏杀菌乳企业危害分析与关键控制点体系文件

实训目标：培养学生编写乳品企业 HACCP 认证体系文件的能力。

实训组织：根据 HACCP 认证所需的材料，请同学们分成几个小组，每一个小组根据该公司的实际情况和认证需要进行分工，编写一套质量管理体系文件。

实训成果：认证材料。

实训评价：资料完整度和准确度。

实训 3　应对巴氏杀菌乳企业 HACCP 体系外部审核的资料准备

假设你为巴氏杀菌企业 HACCP 体系内审员，请准备相关资料应对外审。

项目小结

本项目介绍了 GMP、SSOP、HACCP 相互之间的关系和 HACCP 认证的基本程序和原理，论述了 HACCP 认证法律规定、审核依据、申请程序及应对措施，提高学生对 HACCP 的认识和应用能力。

1. 简述 HACCP 中文含义。
2. 食品企业 HACCP 体系认证标准，乳制品企业 HACCP 体系认证标准是什么？
3. 一方审核、二方审核和三方审核的区别是什么？

项目7

ISO 22000食品安全管理体系

【学习目标】

- 了解食品安全管理体系认证对食品企业的作用。
- 理解《食品安全管理体系认证实施规则》要求。
- 理解 ISO 22000:2005 标准和专项技术要求。
- 掌握食品企业食品安全管理体系文件的编写方法。
- 能够组织实施食品安全管理体系内部审核。

【技能目标】

- 学生能够独立编写食品安全管理体系文件。
- 学生能够实施食品安全管理体系内部审核,适合食品企业岗位技能需求。

【知识点】>>>

ISO 22000 食品安全管理体系认证、ISO 22000:2005 标准条款。

案例导入

图 7.1　ISO 22000 食品安全管理体系认证标志

上述标志可以说明什么？它对企业和消费者而言有何重要的价值或意义？

7.1　ISO 22000 食品安全管理体系认证对食品企业的价值

7.1.1　ISO 22000 食品安全管理体系族标准的产生和发展

ISO(国际标准化组织)为了协调和统一国际食品安全管理体系，由 ISO/TC34 农产食品技术委员会在吸纳了 HACCP 在世界上各国多年应用经验基础上，借鉴了 ISO 9001 国际质量管理体系的编写框架，制定的一套专用于食品链内的食品安全管理体系，并于 2005 年 9 月 1 日向全世界正式颁布。ISO 22000 的整个产生过程经历了以下几个阶段：

①20 世纪 60 年代美国太空计划；

②1995 年美国水产品 HACCP 法规；

③1997 年 CACHACCP 体系应用指南；

④2002 年质检总局出口食品厂应用；

⑤2004 年 6 月 ISO/TC34 委员会 DIS 版；

⑥2005 年 5 月 FDIS 版；

⑦2005 年 9 月 1 日 ISO 22000:2005 标准版。

该标准在 HACCP、GMP(良好操作规范)(GAP 良好农业规范、GHP 良好卫生规范、GDP 良好分销规范、GVP 良好兽医规范、GPP 良好生产规范、GTP 良好贸易规范)和 SSOP(卫生标准操作规范)的基础上，同时整合了 ISO 9001:2000 的部分要求而形成的。

我国于 2006 年 3 月 1 日颁布了《食品安全管理体系适用于食品链中各类组织的要求》(ISO 22000:2005)的等同采用(IDT)标准《食品安全管理体系——适用于食品链中各类组织

的要求》(GB/T 22000—2006),并于2006年7月1日开始实施。目前,国内通过HACCP认证的企业已经有很多。

7.1.2 ISO 22000标准的特点

①详细描述基于HACCP 7个原理的食品安全管理体系;
②可以用于审核;
③可以用于认证;
④广泛适用性(整个食品链);
⑤将把HACCP同先决条件以及标准卫生操作程序兼容;
⑥结构同ISO 9000和ISO 14000趋同;
⑦为国际间HACCP概念的交流提供机制。

7.1.3 ISO 22000认证对于食品企业的作用

①可以有效地识别和控制危害,降低企业的风险;
②可以有效地降低企业的运营成本;
③可以提高消费者的信任度,提升企业的市场知名度;
④通过ISO 22000认证后食品企业可以增加投标成功率,也可以促进国际贸易的发展。

7.1.4 ISO 22000认证应用范围

①直接介入食品链中一个或多个环节的组织,如饲料加工、种植生产、辅料生产、食品加工、零售、食品服务、配餐服务、提供清洁、运输、贮存和分销服务的组织;

②间接介入食品链的组织,如设备供应商、清洁剂和包装材料及其他食品接触材料的供应商。

7.2 《食品安全管理体系认证实施规则》

2010年1月26日,国家认监委发布了2010年第5号公告,对2007年1月发布的《食品安全管理体系认证实施规则》(2007年第3号公告,以下简称旧版认证实施规则)进行了修订,新规则于2010年3月1日正式实施。改规则为目前食品安全管理体系认证依据文件。

7.3 ISO 22000:2005《食品安全管理体系 食品链中各类组织的要求》和专项技术要求

7.3.1 ISO 22000 食品安全管理体系标准条款的理解

0 引言

食品安全和消费环节(有消费者摄入)食源性危害的存在状况有关。由于食品链的任何环节均有可能引入食品安全危害,应对整个食品链进行充分的控制,因此,食品安全应通过食品链中所有参与方的共同努力来保证。

食品链中的组织包括:饲料生产者、食品初级生产者,以及食品生产制造者、运输和仓储经营者、零售分包商、餐饮服务与经营者(包括与其密切相关的其他组织,如设备、包装材料、清洁剂、添加剂和辅料的生产者),也包括相关服务的提供者。

为了确保整个食品链直至最终消费的食品安全,本标准规定了食品安全管理体系的要求,该体系结合了下列公认的关键要素:相互沟通;体系管理;前提方案;HACCP 原理。

为了确保在食品链的每个环节中所有相关的食品危害均得到识别和充分控制,整个食品链中各组织的沟通必不可少。因此,组织与其在食品链中的上游和下游组织之间均需要沟通。尤其对于已确定的危害和采取的控制措施,应与顾客和供方进行沟通,这将有助于明确顾客和供方的要求(如在可行性、需求和对终产品的影响方面)。

为了确保整个食品链中的组织进行有效的相互沟通,向最终消费者提供安全的食品,认清组织在食品链中的作用和所处的位置是必要的。图 7.2 表明了食品链中相关方之间沟通渠道的一个实例。

在已构建的管理体系框架内,建立、运行和更新最有效的食品安全体系,并将其纳入组织的整体管理活动,将为组织和相关方带来最大利益。本标准与 GB/T 19001—2000 相协调,以加强两者的兼容性。附录 A 提供了本标准和 GB/T 19001—2000 的对应关系表。

本标准可以独立于其他管理体系标准之外单独使用,其实施可结合或整合组织已有的相关管理体系要求,同时组织也可利用现有的管理体系建立一个符合本标准要求的食品安全管理体系。

本标准整合了国际食品法典委员会(CAC)制定的危害分析、关键控制点体系和实施步骤,基于审核的需要,本标准将 HACCP 计划与前提方案(PRPs)相结合。由于危害分析有助于建立有效的控制措施组合,所以它是建立有效的食品安全管理体系的关键。本标准要求对食品链内合理预期发生的所有危害,包括与各种过程和所用设施有关的危害,进行识别和评价,因此,对于已确定的危害是否需要组织控制,本标准提供了判断并形成文件的方法。

在危害分析过程中,组织应通过组合前提方案、操作性前提方案和 HACCP 计划,选择和确定危害控制的方法。

为便于应用,本标准制定成为了可适用于审核的标准。但各组织也可根据各自的需要,选择相应的方法和途径来满足本标准要求。为帮助各组织实施本标准,ISO/TS 22004 提供了本标准的应用指南。

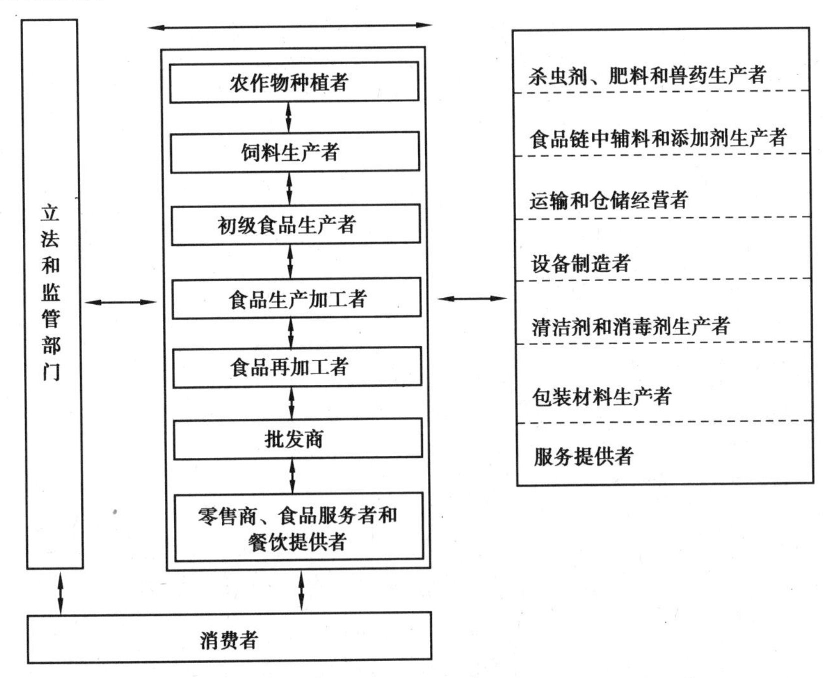

图7.2 食品链上的沟通实例

虽然本标准仅对食品安全方面进行了阐述,但本标准提供的方法同样可用于食品的其他特定方面,如风俗习惯、消费者意识等。

本标准允许组织(如小型和(或)欠发达组织)实施由外部制定的控制措施组合。

本标准旨在为满足食品链内经营与贸易活动的需要,协调全球范围内关于食品安全管理的要求,尤其适用于组织寻求一套重点突出、连贯且完整的食品安全管理体系,而不仅仅是满足于通常意义上的法规要求。本标准要求组织通过食品安全管理体系以满足与食品安全相关的法律法规要求。

理解要点:

1. 对所有从事食品生产、加工、储运或供应食品的所有食品链中所有组织而言,食品安全的要求是第一位的;

2. 沟通不仅是危害分析及其更新所必要的输入,而且也是特定危害的控制措施;

3. 规定了食品安全管理体系的要求及该体系公认的关键原则;

4. 阐明了前提方案的概念,并提出安全产品的有效生产要求有机地整合两种前提方案和详细的 HACCP 计划;

5. 允许小型和(或)欠发达的组织,实施由外部制定和设计的前提方案与 HACCP 计划的组合。

1 范围

本准则规定了食品链中食品安全管理体系的要求,当组织需要证实其有能力控制食品安全危害,以稳定地提供安全的终产品,同时满足商定的顾客要求与适用和规定的食品安全法律法规要求;旨在通过有效控制食品安全危害,包括更新体系的过程,提高顾客满意度。

本标准明确其要求，使组织能够：策划、设计、实施、运行、保持和更新旨在提供终产品的食品安全管理体系，确保这些产品按预期用途食用时，对消费者是安全的；评价和评估顾客要求，并证实其符合双方协定且与食品安全有关的顾客要求；证实与顾客及食品链中的其他相关方有效沟通。

理解要点：

1. 本标准适用于食品链中各种类型、规模和提供各种产品，并有下列需求的组织：

(1)证实其有能力控制食品安全危害；

(2)为消费者提供安全的终产品；

(3)提高顾客满意度。

2. 本标准规定的内容，使组织能达到以下目的：

(1)策划、设计、实施、运行、保持和更新食品安全管理体系；

(2)与相关方有效沟通，提供安全的终产品；

(3)符合适用的法律法规要求、食品安全方针的承诺和相关方的要求；

(4)寻求认证或注册。

3. 组织通过食品安全管理体系认证，并不表明其产品也被认证为“安全”产品。

2 规范性引用文件

下列文件中的条款通过本标准的引用而成为本标准的条款。凡是注明日期的引用文件，其随后所有的修改单(不包括勘误的内容)或修订版均不适用于本标准。然而，鼓励根据本标准达成协议的各方研究是否可使用这些文件的最新版本。凡是不注明日期的引用文件，其最新版本适用于本标准。

GB/T 19000—2000 质量管理体系　基础和术语(idt ISO 19000:2000)

理解要点：

引用文件注明日期的，其后修订版无效，未注明日期的，其最新版本适用于本标准。

3 术语和定义

GB/T 19000—2000 确立的以及下列术语和定义适用于本标准。

为方便本标准的使用者，对引用 GB/T 19000—2000 的部分定义加以注释，但这些注释仅适用于本特定用途。

注：未定义的术语保持其字典含义。定义中黑体字表明使用参考了本章的其他术语，引用的条款号在括号内。

理解要点：

1. 本标准列出了 17 条术语，并给出定义。

2. 纠正、纠正措施、验证、确认 4 个术语引自《质量管理体系　基础和术语》(GB/T 19000—2000)标准。

控制措施、关键控制点、关键限值、食品安全、食品安全危害 5 个术语引自联合国粮农组织和世界卫生组织于 1997 年在罗马出版的 *Codex Alimentarius Food Hygiene Basic Texts*。

3. 终产品、流程图、食品链、食品安全方针、监视、操作性前提方案、前提方案、更新 8 个术语是本标准的特有术语。

3.1 控制措施(control measure)能够用于防止或消除食品安全危害(见 3.10)或将其降低

到可接受水平的行动或活动。

注1:引自参考文献[5]。

注2:该术语包括通过HACCP计划或通过操作性前提方案(见3.13)管理的控制措施。

理解要点:

1.食品安全危害是指食品中所含有的对健康有潜在不良影响的生物、化学或物理因素或食品存在条件。

2.防止食品安全危害是指在食品生产过程中避免产生危害。

3.消除食品安全危害是指在食品生产过程中通过采取措施去除已经存在的食品安全危害。

4.降低食品安全危害到可接受的水平,是指在食品中的有害因素不能防止或完全消除时,通过采取措施减少有害因素的不良影响。

5.控制措施:HACCP计划、操作性前提方案。

3.2 纠正(correction)为消除已发现的不合格品所采取的措施。(GB/T 19000—2000,定义3.6.6)

注1:在本标准中,纠正与潜在不安全产品的处理有关,所以可以连同纠正措施(见3.3)一起实施。

注2:纠正可以是重新加工、进一步加工和(或)消除不合格的不良影响(如改做其他用途或特定标识)等。

理解要点:

纠正是在异常情况下所采取的控制措施,一般包括恢复受控、重新加工、改做其他用途等。如发现杀菌过程中,杀菌参数偏离,将参数调整回原来的状态;同时,将评价为不安全的食品重新杀菌,或将加工的食品隔离并做好标识。

3.3 纠正措施(corrective action)为消除已发现的不合格或其他不期望有的情况的原因所采取的措施。(GB/T 19000—2000,定义3.6.5)

注1:一个不合格可以有若干个原因。

注2:纠正措施包括原因分析和采取措施防止再发生。

理解要点:

1.纠正措施是改进的一种手段;

2.所确定的纠正措施应注重消除产生不合格的原因,以避免其再发生。

3.4 关键控制点(critical control point),CCP 能够施加控制,并且该控制对防止或消除食品安全危害(见3.10)或将其降低到可接受水平是所必需的某一步骤。

理解要点:

关键控制点是可以实现食品安全控制的控制措施之一,同时,这种控制措施对特定的食品安全危害控制是必需的,且可以实现。

3.5 关键限值(critical limit),CL 区分可接受和不可接受的判定值。

注1:引自参考文献[5]。

注2:设定关键限值保证关键控制点(CCP)(见3.4)受控。当超出或违反关键限值时,受影响产品应视为潜在不安全产品进行处理。

理解要点：

1. 设定关键限值的目的是保证关键控制点达到受控的效果，但关键限值不能同工艺加工参数混淆。

2. 关键限值可以是一个点，也可以是一个区间，即控制区间。超出关键限值即可判断为不可以接受的产品。

3.6 终端产品（end product）组织不再进一步加工或转化的产品。

注：需其他组织进一步加工或转化的产品是与此有关的上游组织的终产品或下游组织的原料或辅料。

理解要点：

食品链中的每个组织都有自己的终产品，终产品有时是整个食品链的成品。

3.7 流程图（flow diagram）依据各步骤之间的顺序及相互作用以图解的方式进行系统性的表达。

理解要点：

流程图的目的是为危害分析作准备，包括工艺流程图、人流和物流图、水流和气流图，以及设备布置图等。流程图是以图解方式直观地展现各个步骤之间的关系。

3.8 食品链（food chain）从初级生产直至消费的各环节和操作的顺序，涉及食品及其辅料的生产、加工、分销和处理。

注：初级生产包括食源性动物饲料的生产和用于食品生产的动物饲料的生产。

理解要点：

食品链强调的是各个环节食品流之间的关系，包括农作物的生产、食品的加工、储存和流通等；其中初级生产可包括收获、屠宰，挤奶、捕鱼和用于食品生产的动物饲料的生产等。

3.9 食品安全（food safety）食品在按照预期用途进行制备和（或）食用时不会伤害消费者的保证。

注1：引自文献[5]。

注2：食品安全与食品安全危害（见3.10）的发生有关，但不包括其他与人类健康相关的方面，如营养不良。

理解要点：

1. 食品安全强调的是满足预期用途，同时对健康不会造成危害；

2. 没有按预期用途食用，造成营养失调或营养不良，不能称该食品不安全；

3. 预期用途可以是拟定的加工、消费和预处理，以及拟定的消费者。

3.10 食品安全危害（food safety hazard）食品中所含有的对健康有潜在不良影响的生物、化学或物理因素或食品存在条件。

注1：引自文献[5]。

注2：术语“危害”不应和“风险”混淆，对食品安全而言，“风险”是食品暴露于特定危害时对健康产生不良影响的概率（如生病）与影响的严重程度（如死亡、住院、缺勤等）之间形成的函数。

注3：食品安全危害包括过敏源。

注4：在饲料和饲料配料方面，相关食品安全危害是那些可能出现在饲料和饲料配料内和

(或)上,继而通过动物消费饲料转移至食品中,并由此可能导致人类不良健康后果的成分。在不直接处理饲料和食品的操作中(如包装材料、清洁剂等的生产者),相关的食品安全危害是指那些按所提供产品和(或)服务的预期用途可能直接或间接转移到食品中,并由此可能造成人类不良健康后果的成分。

理解要点:

1. 食品安全危害不仅仅是食品中存在的生物的、化学的和物理的危害物质,而且还包括食品的存在状态;如贝类的贝毒PSP,动源性食品中的寄生虫和骨头碎渣,以及烫的饮料等。

2. 食品安全危害具有相对性,如针对不同消费人群、消费方式、预期用途和危害的存在状态等,危害发生的概率和严重程度是不同的。

3.11 食品安全方针(food safety policy)由组织的最高管理者正式发布的该组织总的食品安全宗旨和方向。

理解要点:

食品安全方针也就是食品生产组织中有关食品安全的政策,食品安全方针应经最高管理者批准并发布。

3.12 监控(monitoring)为评价控制措施是否有效,对控制参数实施的一系列策划的观察或测量活动。

理解要点:

监控的目的是评价控制措施的有效性,应对监控进行策划。

3.13 操作性前提方案(operational prerequisite program,OPRP)为控制食品安全危害引入的可能性和(或)食品安全危害在产品或加工环境中污染或扩散的可能性,通过危害分析确定的、必需的前提方案PRP。

理解要点:

操作性前提方案是通过危害分析所制定的程序或指导书,以管理控制食品安全危害的控制措施;其可靠性的结果可通过经常的监视获得。

3.14 前提方案(prerequisite program),PRP针对运行的性质和规模而规定的程序或指导书;用以改善和保持运行条件,从而更有效地控制食品安全危害和(或)为控制食品安全危害引入产品和产品加工环境,以及控制危害在产品和产品加工环境中污染或扩散的可能性,而规定的程序或指导书。

注1:根据前提方案的性质和作用,有些前提方案包括或组成控制措施,而其他前提方案组成管理和(或)维护特性的程序和指导书。

注2:可采用其他术语替代前提方案。例如,术语"良好操作规范(GMP)""良好农业规范(GAP)""良好卫生规范(GHP)""良好分销规范(GDP)""良好兽医规范(GVP)""良好生产规范(GPP)""良好贸易规范(GTP)"。

理解要点:

1."良好制造规范(GMP)""良好农业规范(GAP)""良好卫生规范(GHP)""良好分销规范(GDP)""良好兽医规范(GVP)""良好生产规范(GPP)""良好贸易规范(GTP)"都是前提方案的一种,只不过称谓发生了变化。

2. 前提方案也可以简单地理解为食品企业为保证有效控制食品安全危害而首要准备的

工作程序和作业指导书。

3. 前提方案的制订应考虑组织的规模和性质,如小型或欠发达组织可通过采用外部开发设计的前提方案;大型或发达组织可自行开发设计的前提方案,无论哪种方式,均应适合本组织特点。

3.15 更新(updating)为确保应用最新信息而进行的即时的和(或)有计划的活动。

理解要点:

本标准“更新”是指预备信息、前提方案和 HACCP 的更新。

3.16 确认(validation)通过提供客观证据对特定的预期用途或应用要求已得到满足的认定。(GB/T 19000—2000,定义 3.8.5)

理解要点:

1. 确认与食品安全管理体系过程的有效性相关,是针对食品安全管理体系的输入信息进行评价,确保支持食品安全管理体系信息的正确性。

2. 确认提供证据以支持食品安全管理体系,因此在体系实施和变化后进行。

3. “已确认”一词用于表明相应状态。

4. 使用的方法可以是实际的或是模拟的。

3.17 验证(verification)通过提供客观证据对规定要求已得到满足的认定。(GB/T 19000—2000,定义 3.8.4)

理解要点:

1. 验证的目的是整个体系的有效性。

2. 验证与确认不同,确认是运行前和变化后实施的评定,目的在于证明各(或组合的)控制措施能够达到预期的控制水平(或满足可接受水平);验证是在运行中和运行后进行的评定,目的在于证明确实达到了预期的控制水平(和/或满足了可接受水平)。

4 食品安全管理体系

4.1 总要求

组织应按本标准要求建立有效的食品安全管理体系形成文件,加以实施和保持,并在必要时进行更新。组织应确定食品安全管理体系的范围。该范围应规定食品安全管理体系中所涉及的产品或产品类别、过程和生产场地。组织应:

确保在体系范围内合理预期发生的与产品相关的食品安全危害得以识别和评价,并以组织的产品不直接或间接伤害消费者的方式加以控制。

在食品链范围内沟通与产品安全有关的适宜信息。

在组织内就有关食品安全管理体系建立、实施和更新进行必要的信息沟通,以确保满足本标准要求的食品安全。

对食品安全管理体系定期评价,必要时进行更新,确保体系反映组织的活动,并纳入有关须控制的食品安全危害的最新信息。

针对组织所选择的任何影响终产品符合性的源于外部的过程,组织应确保控制这些过程。对此类源于外部过程的控制应在食品安全管理体系中加以识别并形成文件。

理解要点:

1. 组织应按本标准建立(形成文件)、实施、保持、更新食品安全管理体系。

2. 组织应确定其食品安全管理体系的范围。

在建立、实施和保持食品安全管理体系时，组织应：识别合理预期的、可能发生的危害；加强在组织内部及整个食品链中的沟通；定期评价食品安全管理体系，需要时进行更新；识别、控制来源于外部的产品和过程。

3. 小型经营者可从源于外部的某些过程获益，并提供必要的方式实施基础设施要求的活动。

4.2 文件要求

4.2.1 总则

食品安全管理体系文件应包括：

形成文件的食品安全方针和相关目标的声明（见5.2）；

本标准要求的形成文件的程序和记录（见4.2.3）；

组织为确保食品安全管理体系有效建立、实施和更新所需的文件。

理解要点：

1. 组织应规定为建立、实施、保持和更新食品安全管理体系所需的文件（包括相关记录）。

2. 文件可采用任何形式或类型的媒体。

3. 通常，组织的食品安全管理体系文件包括：食品安全方针和目标、程序和记录。

4.2.2 文件控制

食品安全管理体系所要求的文件应予以控制。这种控制应确保所有提出的更改在实施前加以评审，以确定其对食品安全的作用以及对食品安全管理体系的影响。

应编制形成文件的程序，以规定以下方面所需的控制：

文件发布前得到批准，以确保文件是充分与适宜的；

必要时对文件进行评审与更新，并再次批准；

确保文件的更改和现行修订状态得到识别；

确保在使用时获得适用文件的有关版本；

确保文件保持清晰、易于识别；

确保相关的外来文件得到识别，并控制其分发；

防止作废文件的非预期使用，若因任何原因而保留作废文件时，确保对这些文件进行适当的标识。

理解要点：

1. 编制形成文件的程序，并对以下方面作出规定：文件的批准；文件的使用及管理；文件的更改；外来文件和作废文件。

2. 记录被视为一种特殊形式的文件，其表格按本条款要求控制。

3. 食品安全方针和目标应按本条款要求进行控制。

4. 在本标准中，要求形成文件的程序（共9项）如下：4.2.2 文件控制；4.2.3 记录控制；7.2.3 操作性前提方案（也可以是指导书或计划的形式）；7.6.5 监控结果超出关键限值时采取的措施；7.9.5 召回；7.10.1 纠正；7.10.2 纠正措施；7.10.3 潜在不安全产品的处置；8.3.1 内部审核。

4.2.3 记录控制

应建立并保持记录，以提供符合要求和食品安全管理体系有效运行的证据。记录应保持清晰、易于识别和检索。应编制形成文件的程序，以规定记录的标识、贮存、保护、检索、保存期限和处理所需的控制。

理解要点：

1. 本标准中要求的记录有25项。

2. 除标准中要求的记录外，组织可自由决定保留哪些记录，但应能证实与过程、产品和食品安全管理体系的符合性。

3. 对记录的控制应编制形成文件的程序。

4. 记录的保存期应考虑法律法规要求、顾客要求和产品的保存期。

5. 记录管理流程：

(1)设计—编制—审批—填写(要求:字迹清晰、内容齐全)。

(2)收集—整理—分类—编目—标识—归档—保存(要求:防潮、防虫、防鼠、防火)—检索—保存期—处置。

5 管理职责

5.1 管理承诺

最高管理者应通过以下活动，对其建立、实施食品安全管理体系并持续改进其有效性的承诺提供证据。

表明组织的经营目标支持食品安全。

向组织传达满足与食品安全相关的法律法规、本标准以及顾客要求的重要性。

制订食品安全方针。

进行管理评审。

确保资源的获得。

理解要点：

1. 最高管理者是指在最高层指挥和控制组织的一个人或一组人。

2. 最高管理者的承诺可以通过下列方面来体现：对制订与宣传食品安全方针的参与程度；了解本组织食品安全管理体系的概况及目前的状态；了解本组织在食品安全方面的业绩；对与食品安全有关的信息及时采取措施的情况，如对投诉、抱怨的处理；管理评审活动。

3. 最高管理者承诺的证据可以是正式签署的文件，也可是其他任何证据。

5.2 食品安全方针

最高管理者应制订食品安全方针，形成文件并对其进行沟通。最高管理者应确保食品安全方针：

与组织在食品链中的作用相适应；

符合与顾客商定的食品安全要求和法律法规要求；

在组织的各层次得以沟通、实施并保持；

在持续适宜性方面得到评审；

充分阐述沟通；

由可测量的目标来支持。

理解要点：

1. 食品安全方针是由组织的最高管理者正式发布的该组织总的食品安全宗旨和方向，它应是其总方针和战略的组成部分，并与其保持一致。

2. 组织在制订时应当考虑：组织在食品链中的作用与地位；相关的食品安全法律法规要求，与顾客商定的食品安全要求；使用容易理解的语言，在组织内沟通，相互沟通的安排；方针与目标之间的关联性。

5.3 食品安全管理体系策划

最高管理者应确保：对食品安全管理体系的策划，以满足 4.1 的要求，同时支持食品安全的组织目标的要求；在对食品安全管理体系的变更进行策划和实施时，保持体系的完整性。

理解要点：

1. 为了实现食品安全方针与目标，最高管理者应对组织的食品安全管理体系进行策划。

2. 组织应有一套策划机制，当食品安全管理体系（如产品、工艺、生产设备、人员等）发生变更时进行策划，确保该变更不会给食品安全带来负面影响，并且确保体系的完整性和持续性。

3. 策划内容应包括：组织机构、职责分配、食品安全方针、目标、文件等。

5.4 职责和权限

最高管理者应确保规定各项职责和权限并在组织内进行沟通，以确保食品安全管理体系有效运行和保持。所有员工有责任向指定人员汇报与食品安全管理体系有关的问题。指定人员应有明确的职责和权限，以采取措施并予以记录。

理解要点：

1. 为确保食品安全管理体系有效运行和保持，最高管理者应当在适宜的组织机构基础上，对职责、权限作出规定，并要求在职能层次间进行相互沟通。

2. 职责、权限和沟通方式确定得合适与否，应以能否促进组织食品安全活动的协调性与有效性为依据。

3. 员工有责任汇报与食品安全管理体系有关的问题，但应当明确规定发生问题时应向谁报告；相关的指定人员具有明确的职责和权限，以采取适当措施，并记录结果。

5.5 食品安全小组组长

组织的最高管理者应任命食品安全小组组长，无论其在其他方面的职责如何，应具有以下几个方面的职责和权限：

管理食品安全小组，并组织其工作；确保食品安全小组成员的相关培训和教育；确保建立、实施、保持和更新食品安全管理体系；向组织的最高管理者报告食品安全管理体系的有效性和适宜性。

注：食品安全小组组长的职责可包括与食品安全管理体系有关事宜的外部联络。

理解要点：

1. 授权的食品安全小组组长必须做好本职工作。

2. 食品安全组长宜是该组织的成员，至少具备食品安全的基本知识，但小组中其他成员应能够提供相应的专家意见；组长在具备必备的食品安全知识并得到授权时，可负责与食品安全管理体系有关事宜的外部沟通。

5.6 沟通

5.6.1 外部沟通

为确保在整个食品链中能够获得充分的食品安全方面的信息，组织应制定、实施和保持有效的措施，以便与下列各方进行沟通：

①供方和分包商。顾客或消费者，特别是在产品信息(包括有关预期用途、特定贮存要求以及适宜时含保质期的说明书)、问询、合同或订单处理及其修改，以及包括抱怨顾客的反馈信息。

②主管部门。对食品安全管理体系的有效性或更新产生影响，或将受其影响的其他组织。

这种沟通应提供组织的产品在食品安全方面的信息，这些信息可能与食品链中其他组织相关；特别是应用于那些需要由食品链中其他组织控制的已知的食品安全危害。应保持沟通记录。应获得来自顾客和主管部门的食品安全要求。指定人员应有规定的职责和权限，进行有关食品安全信息的对外沟通。通过外部沟通获得的信息应作为体系更新和管理评审的输入。

理解要点：

1. 外部沟通具有以下3项主要目的：

与顾客的互动沟通，旨在提供(顾客)要求的食品安全水平相互接受的基础；

沿食品链的相互沟通，旨在确保充分和相关的知识分享；以能有效地进行危害识别、评定和控制；

与食品主管部门和各组织间的沟通，旨在为已确定食品安全水平的公众认可和组织有能力达到该水平的可靠性提供基础。

2. 应满足双方达成一致的、与食品安全有关的顾客要求；

3. 应指定专业人员，作为与外部进行有关食品安全沟通的途径。

5.6.2 内部沟通

组织应建立、实施和保持有效的安排，以便与有关的人员就影响食品安全的事项进行沟通。为保持食品安全管理体系的有效性，组织应确保食品安全小组及时获得变更的信息，例如包括但不限于以下方面：

①产品或新产品；

②原料、辅料和服务，生产系统和设备；

③生产场所，设备位置，周边环境；

④清洁和卫生方案；

⑤包装、贮存和分销系统；

⑥人员资格水平和(或)职责及权限分配；

⑦法律法规要求，与食品安全危害和控制措施有关的知识；

⑧组织遵守的顾客、行业和其他要求，来自外部相关方的有关问询；

⑨表明与产品有关的食品安全危害的抱怨；

⑩影响食品安全的其他条件。

食品安全小组应确保食品安全管理体系的更新，包括上述信息。最高管理者应确保将相关信息作为管理评审的输入。

理解要点：

1. 内部沟通旨在确保组织内进行的各种运作和程序都能获得充分的相关信息和数据。

2. 沟通可以依据不同情况而采取不同的形式。不同部门和层次的人员应通过适当的方法及时沟通。

3. 对新产品的开发和投放，原料和辅料、生产系统和设备、顾客、人员资格水平和职责的预期变化进行明确的沟通。应关注新的法律法规要求、突发或新的食品安全危害及其处理方法的新知识。

5.7 应急准备和响应

最高管理者应建立、实施并保持程序，以管理可能影响食品安全的潜在紧急情况和事故，并应与组织在食品链中的作用相适宜。

理解要点：

1. 最高管理者应确保该组织建立和保持相应程序，以识别潜在事故、紧急情况和事件，并对其作出响应。

2. 对潜在紧急情况和事故管理可包括如下方面：

(1)首先应确定可能的紧急情况和事故，针对这类情况，应采取必要的事前预防措施；

(2)在有关程序中规定紧急情况和事故发生时的应急办法(应急预案)，并预防或减少由此产生的不利影响；

(3)一旦发生紧急情况和事故，应根据程序作出响应，事后分析原因，对应急程序进行评审，必要时进行修订。

3. 条件可行时应对应急程序进行演练，以判断和证实有效性。

5.8 管理评审

5.8.1 总则

最高管理者应按策划的时间间隔评审食品安全管理体系，以确保其持续的适宜性、充分性和有效性。评审应包括评价食品安全管理体系改进的机会和变更的需求，包括食品安全方针。管理评审的记录应予以保持。

理解要点：

1. 管理评审是最高管理者的重要职责，是其对食品安全管理体系的适应性、充分性、有效性按策划的时间间隔进行的系统的、正式的评价。

2. 管理评审的记录应妥善保存。

5.8.2 评审输入

管理评审输入应包括但不限于以下信息：

以往管理评审的跟踪措施；验证活动结果的分析；可能影响食品安全的环境变化；紧急情况、事故和撤回；体系更新活动的评审结果；包括顾客反馈的沟通活动的评审；外部审核或检验。

注：撤回包括召回。

资料的提交形式应能使最高管理者能将所含信息与已声明的食品安全管理体系的目标相联系。

理解要点:

1. 管理评审是对组织运行是否满足其食品安全目标的整体评定。

2. 在管理评审输入中,体系验证活动结果(包括内部审核的结果)的分析应作为体系更新的输入,识别食品安全管理体系改进或更新的需要;而体系更新活动的结果,应与突发事件准备和响应以及召回作为管理评审的输入。

3. 适宜时,可以考虑供方的控制情况、组织机构和资源的适宜性、有关组织未来需求的战略策划和可能影响食品安全的环境变化。

4. 提交给最高管理者的管理输入信息的形式,应便于最高者使用。

5.8.3 评审输出

管理评审输出应包括与以下方面有关的决定和措施:食品安全保证;食品安全管理体系有效性的改进;资源需求;组织食品安全方针和相关目标的修订。

理解要点:

1. 评审输出是管理评审活动的结果,组织应根据输出制订有关的决定和措施予以实施,形成持续改进。

2. 管理评审输出应包括与以下方面有关的决定和措施:食品安全管理体系有效性的改进:对体系进行更新,包括危害分析、操作性前提方案和HACCP计划等内容,确保体系体现必须控制的食品安全危害的最新信息。

(1)食品安全保证:满足本标准总要求(见4.1);

(2)资源需求:考虑资源的适宜性和充分性;

(3)组织食品安全方针和目标的修订:依据管理评审的结果,对食品安全方针和目标进行评审,以适应食品安全管理体系现状和变化的要求。

3. 输出形式:管理评审报告、改进计划、纠正/预防措施单。

6 资源管理

6.1 资源提供

组织应提供充足资源,以建立、实施、保持和更新食品安全管理体系。

理解要点:

组织应确定建立、实施、保持和更新食品安全管理体系所需资源,以确保组织食品安全管理体系的适宜性、充分性和有效性。资源可包括:人员、基础设施、工作环境等。

6.2 人力资源

6.2.1 总则

食品安全小组和其他从事影响食品安全活动的人员应是能够胜任的,并具有适当的教育、培训、技能和经验。当需要外部专家帮助建立、实施、运行或评价食品安全管理体系时,应在签订的协议或合同中对这些专家的职责和权限予以规定。

理解要点:

组织中任何可能影响食品安全的人员都应具备必要的能力(专业能力、技能、经验),以便胜任其所从事的工作。这些人员包括食品安全小组的成员、食品安全过程的监视人员、食品检测人员、食品安全信息的外部沟通人员等。若以上人员不能胜任时可以对其进行相应的教育和培训。组织可根据需要,聘请外部专家,但应以协议或合同的方式对专家的职责和权限作出规定,并予以保存。

6.2.2 能力、意识和培训

组织应:

①识别从事影响食品安全活动的人员所必需的能力;

②提供必要的培训或采取其他措施以确保人员具有这些必要的能力;

③确保对食品安全管理体系负责监视、纠正、纠正措施的人员受到培训。

评价上述①、②和③的实施及其有效性;

确保这些人员认识到其活动对实现食品安全的相关性和重要性;

确保所有影响食品安全的人员能够理解有效沟通的要求;

保持培训和②、③中所述措施的适当记录。

理解要点:

1. 组织应确定所有对食品安全活动有影响的人员的技能和能力需求,可包括教育、食品安全方面的培训、技能和经验并考核。

2. 组织可以提供必要的教育和(或)培训,包括负责监视食品安全过程的人员和所有影响食品安全的人员。

3. 使组织的人员具有食品安全意识,使影响食品安全的人员具有有效的外部沟通和内部沟通的意识。

4. 对上述培训或教育的效果进行评价。

5. 保存教育、培训、技能和经验方面的记录。

6.3 基础设施

组织应提供资源以建立和保持实现本标准要求所需的基础设施。

理解要点:

1. 基础设施是根据食品安全管理体系建立和保持的需要,组织运行必须提供的设施、设备和服务的体系。可包括建筑物、工作场所和配套设施,具体要求见7.2.2所规定的内容。

2. 为了建立和保持符合食品安全管理体系要求所需的基础设施,组织应:根据组织所生产产品的性质和相关的法律法规要求以及相关方的要求,识别并确定基础设施的需求。满足上述需求,提供必需的基础设施。

3. 保持基础设施应达到的能力,作好维护和修理。

6.4 工作环境

组织应提供资源以建立、管理和保持实现本标准要求所需的工作环境。

理解要点:

1. 工作环境是指工作时所处的一组条件。

2. 本条款工作环境是指"符合食品安全管理体系要求所需的工作环境",对产品质量安全构成影响的环境,如厂区地理位置及周边环境、加工车间内的生产环境(温度、湿度、光线、洁净度、粉尘等)、周围环境中害虫出没和其他卫生控制要求。

3. 组织应根据产品及形成的特性确定并管理工作环境,以达到产品符合食品安全要求而保持良好的工作环境。

7 安全产品的策划和实现

7.1 总则

组织应策划和开发实现安全产品所需的过程。组织应实施、运行策划的活动及其更改并确保有效;这些活动和更改包括前提方案、操作性前提计划和(或)HACCP 计划。

理解要点:

1. 组织应识别安全产品的实现中所需要的过程。

2. 组织应对这些过程进行策划和开发,在本章的 7.2 ~ 7.8 条款中包括了这些过程的策划要求。

3. 应在安全产品实现的过程管理中进行 P-D-C-A 方法的总体策划。

7.2 前提方案(PRP(s))

7.2.1 组织应建立、实施和保持前提方案(PRP(s)),以助于控制:

a. 食品安全危害通过工作环境进入产品的可能性;

b. 产品的生物、化学和物理污染,包括产品之间的交叉污染;

c. 产品和产品加工环境的食品安全危害水平。

理解要点:

1. 建立、实施和保持前提方案(PRP(s))的目的。

2. 控制危害通过工作环境进入产品;控制产品污染和产品之间的交叉污染;控制产品和工作环境的危害水平。

3. 在选择和设计前提方案时,组织应考虑和利用现有的、适当的信息(如法规、顾客要求、指南、法典原则和操作规范、国家、国际或行业标准)。

4. 前提方案的设计和实施的步骤:识别、确定适用的法规、指南、标准、相关方要求;结合组织的产品特性制订相应的前提方案;按照前提方案的要求实施;识别相关要求的变化确保 PRP(s)的适宜性和持续有效性。

7.2.2 前提方案(PRP(s))应:

a. 与组织在食品安全方面的需求相适宜;

b. 与运行的规模和类型、制造和(或)处置的产品性质相适宜;

c. 无论是普遍适用还是适用于特定产品或生产线,前提方案都应在整个生产系统中实施;

d. 获得食品安全小组的批准。

组织应识别与以上相关的法律法规要求。

理解要点:

1. 组织应根据其性质和对食品安全的要求及相应的食品法典和指南,建立并保持符合食品安全要求的前提方案。

2. 前提方案要与组织的规模和组织所生产的产品的性质要求相适宜,应该覆盖组织整个生产系统,而不仅仅是组织体系涉及的产品生产线,必须经过食品安全小组确认和批准。

3. 组织在建立前提方案时要充分识别与组织产品相关的法律法规的要求。

7.2.3 当选择和(或)制订前提方案(PRP(s))时,组织应考虑和利用适当信息(如法律法规要求、顾客要求、公认的指南、国际食品法典委员会的法典原则和操作规范,国家、国际或行业标准)。

当制订这些方案时,组织应考虑如下:

a. 建筑物和相关设施的布局和建设包括工作空间和员工设施在内的厂房布局;

b. 空气、水、能源和其他基础条件的提供;

c. 包括废弃物和污水处理的支持性服务;

d. 设备的适宜性及其清洁、保养和预防性维护的可实现性;

e. 对采购材料(如原料、辅料、化学品和包装材料)、供给(如水、空气、蒸汽、冰等)、清理(如废弃物和污水处理)和产品处置(如贮存和运输)的管理;

f. 交叉污染的预防措施、清洁和消毒;

g. 交叉污染的预防措施;

h. 清洁和消毒;

i. 虫害控制;

j. 人员卫生;

k. 其他有关方面。

应对前提方案的验证进行策划(见7.8),必要时应对前提方案进行更改(见7.7)。应保持验证和更改的记录。

文件宜规定如何管理前提方案中包括的活动。

理解要点:

1. 前提方案的具体要求包括 a ~ k。

2. 应对前提方案策划验证,必要时前提方案要及时更改,验证和更改均要求保持记录。

7.3 实施危害分析的预备步骤

7.3.1 总则

应收集、保持和更新实施危害分析所需的所有相关信息,并形成文件。应保持记录。

理解要点:

7.3.1 是7.3 条款的总原则,规定了应收集和保持实施危害分析所需的所有相关信息的要求。

7.3.2 食品安全小组

应任命食品安全小组。食品安全小组应具备多学科的知识和建立与实施食品安全管理体系的经验。这些知识和经验包括但不限于组织的食品安全管理体系范围内的产品、过程、设备和食品安全危害。应保持记录,以证实食品安全小组具备所要求的知识和经验。

理解要点:

1. 小组应由多种专业和具备实施食品安全管理体系经验的人员组成。

2. 能够证明人员能力的证据,包括外聘专家,如学历证明,从业经验证明,技术职称或技能登记证书,都要作为记录保存。

7.3.3 产品特性

7.3.3.1 原料、辅料和与产品接触的材料

应在文件中对所有原料、辅料和与产品接触的材料予以描述,其详略程度为实施危害分析所需。适用时,包括以下方面:

a. 化学、生物和物理特性；

b. 配制辅料的组成，包括添加剂和加工助剂；

c. 产地；

d. 生产方法；

e. 包装和交付方式；

f. 储存条件和保质期；

g. 使用或生产前的预处理；

h. 与采购材料和辅料预期用途相适宜的有关食品安全的接收准则或规范。

组织应识别与以上方面有关的食品安全法律法规要求。

上述描述应保持更新，包括需要时按 7.7 的要求进行的更新。

理解要点：

1. 以文件的形式对原料、辅料和与产品接触的材料的特性进行适当的描述，以确保所提供的信息足以识别和评价其中的危害。

2. 采购的原料和辅料，在接收准则或规范中，还要关注与其预期用途相适应的食品安全要求，如农药残留或兽药残留，以及添加剂的要求。

3. 组织在进行上述描述时，应识别与其有关的法规要求，并且在需要时进行更新。

7.3.3.2 终产品特性

终产品特性应在文件中予以描述，其详略程度为实施危害分析所需，适用时，包括以下方面的信息：

产品名称或类似标识；成分；与食品安全有关的化学、生物和物理特性；预期的保质期和储存条件；包装；与食品安全有关的标识和（或）处理、制备及使用的说明书；分销方法。组织应识别与以上方面有关的食品安全法律法规的要求。

上述描述应保持更新，包括需要时按 7.7 的要求进行的更新。

理解要点：

1. 应以文件的形式对终产品的特性进行适当的描述，以确保描述所提供的信息足以识别和评价其中的危害；

2. 终产品特性直接影响终产品本身存在的、固有（内在）的危害和影响危害存在的因素；

3. 组织在进行上述描述时，应识别与其有关的法规要求。同时，包含上述与食品安全特性信息有关的文件要随着上述信息的变化而变化，使之持续有效，并且在需要时进行更新。

7.3.4 预期用途

应考虑终产品的预期用途和合理的预期处理，以及非预期但可能发生的错误处置和误用，并应将其在文件中描述，其详略程度为实施危害分析所需。应识别每种产品的使用群体，适用时，应识别其消费群体，并应考虑对特定食品安全危害的易感消费群体。

上述描述应保持更新，包括需要时按 7.7 的要求进行的更新。

理解要点：

在终端产品特性中，可通过合同、订单或口头方式与产品的使用者和消费者沟通，以及根据经验和市场调查所获得的信息来识别预期用途和合理预期的处理；预期用途中还需考虑预期使用人和消费者，特别是其中的易感人群，可以在标签中明确。

7.3.5 流程图、过程步骤和控制措施

7.3.5.1 流程图

应绘制食品安全管理体系所覆盖产品或过程类别的流程图。流程图应为评价食品安全危害可能的出现、增加或引入提供基础。

流程图应清晰、准确和足够详尽。适宜时,流程图应包括:

a. 操作中所有步骤的顺序和相互关系;

b. 源于外部的过程和分包工作;

c. 原料、辅料和中间产品投入点;

d. 返工点和循环点;

e. 终产品、中间产品和副产品放行点及废弃物的排放点。

根据 7.8 的要求,食品安全小组应通过现场核对来验证流程图的准确性。经过验证的流程图应作为记录予以保持。

理解要点:

1. 组织根据食品安全管理体系覆盖的范围,绘制体系范围内的产品和过程的流程图。过程流程图为危害分析提供了分析的框架。必要且适用时,为有助于危害识别、危害评价和控制措施评价,还可绘制其他的图表/车间示意图或描述(如气流、人员流、设备流、物流等),以显示其他控制措施的相关位置及食品安全危害可能引入和重新分布的情况。

2. 应识别流程图中返工和循环点并加以控制。

3. 食品安全小组应通过现场比对以验证所绘制的流程图的准确性,并将经验证的流程图作为记录保存。

4. 流程图也要及时更新。

7.3.5.2 过程步骤和控制措施的描述

应描述现有的控制措施、过程参数和(或)及其实施的严格度,或影响食品安全的程序,其详略程度应足以实施危害分析(见 7.4)。

还应描述可能影响控制措施的选择及其严格程度的外部要求(如来自监管部门或顾客)。

上述描述应根据 7.7 的要求进行更新。

理解要点:

1. 应对过程流程图中的步骤进行描述。

2. 描述应当包括相应过程参数(如温度、添加物的点或形式、流程等)、应用强度(或严格程度)(如时间、水平、浓度等)和加工差异性(相关时)。

3. 应用于食品链的其他阶段(如原料供应商、分包方和顾客)和(或)通过社会方案实施(如通常的环保措施),并预期包含于危害评价中的控制措施。

4. 在危害分析之前已制订了 HACCP 计划和操作性前提方案的组织,在描述中应将已实施的控制措施包含于和(或)构成上述规范。上述规范应按照 7.7 的要求进行更新。

7.4 危害分析

7.4.1 总则

食品安全小组应实施危害分析,以确定需要控制的危害,确定为确保食品安全所需的控制程度,并确定所要求的控制措施组合。

理解要点：

1. 本条款是危害分析的总则。

2. 食品安全小组不仅要识别产品和(或)过程中合理预期发生的食品安全危害，而且还要制定控制危害的控制措施组合。

7.4.2 危害识别和可接受水平的确定

7.4.2.1 应识别并记录与产品类别、过程类别和实际生产设施相关的所有合理预期发生的食品安全危害。这种识别应基于以下方面：

a. 根据7.3收集的预备信息和数据；

b. 经验；

c. 外部信息，尽可能包括流行病学和其他历史数据；

d. 来自食品链中，可能与终产品、中间产品和消费食品的安全相关的食品安全危害信息。

应指出每个食品安全危害可能被引入的步骤(从原料、生产和分销)。

7.4.2.2 在识别危害时，应考虑：

a. 特定操作的前后步骤；

b. 生产设备、设施和(或)服务和周边环境；

c. 在食品链中的前后关联。

7.4.2.3 针对每个识别的食品安全危害，只要可能应确定终产品中食品安全危害的可接受水平。确定的水平应考虑已发布的法律法规要求、顾客对食品安全的要求、顾客对产品的预期用途以及其他相关数据。确定的依据和结果应予以记录。

理解要点：

1. 首先识别产品本身、生产过程和实际生产设施涉及的合理预期发生的潜在的食品安全危害。

2. 危害识别可基于a至c的信息(及随后的评价)。

3. 针对每一种危害在终产品中尽可能确定其可接受水平。

7.4.3 危害评估

应对每种已识别的食品安全危害(见7.4.2)进行危害评价，以确定消除危害或将危害降至可接受水平是否是生产安全食品所必需，以及是否需要控制危害以达到规定的可接受水平。

应根据食品安全危害造成不良健康后果的严重性及其发生的可能性，对每种食品安全危害进行评价。应描述所采用的方法，并记录食品安全危害评价的结果。

理解要点：

评估危害时考虑危害发生的可能性和严重性，从而判断出哪些危害是显著危害。

7.4.4 控制措施的选择和评价

基于7.4.3危害评估，应选择适宜的控制措施组合，预防、消除或减少食品安全危害至规定的可接受水平。

在选定的控制措施组合中，应对7.3.5.2中所描述的每个控制措施控制，评审其控制确定的食品安全危害的有效性。

应按照控制措施是需通过操作性前提方案还是通过HACCP计划进行管理，对所选择的控制措施进行分类。

应使用符合逻辑的方法对控制措施选择和分类,逻辑方法包括与以下方面有关的评估:

a. 针对实施的严格程度,控制措施对确定食品安全危害的控制效果;

b. 对该控制措施进行监视的可行性(如及时监视以便能立即纠正的能力);

c. 相对其他控制措施该控制措施在系统中的位置;

d. 控制措施作用失效的可能性或过程发生显著变异的可能性;

e. 一旦控制措施的作用失效,结果的严重程度;

f. 控制措施是否有针对性地建立并用于消除或显著降低危害水平;

g. 协同效应(即两个或更多措施作用的组合效果优于每个措施单独效果的总和)。

属于 HACCP 计划管理的控制措施应按照 7.6 实施,其他控制措施应作为操作性前提方案按照 7.5 实施。

应在文件中描述所使用的分类方法学和参数,并记录评估的结果。

理解要点:

本条款是识别和评价确定危害进行控制的控制措施,对控制措施选择和分类应该使用本条款所述的逻辑方法。

7.5 操作性前提方案的建立

操作性前提方案[OPRP(s)]应形成文件,其中每个方案应包括如下信息:

a. 由方案控制的食品安全危害;

b. 控制措施;

c. 监视程序,以证实实施了操作性前提方案[OPRP(s)];

d. 当监视显示操作性前提方案失控时,采取的纠正和纠正措施;

e. 职责和权限;

f. 监视的记录。

理解要点:

操作性前提方案计划的制订可仿照 HACCP 计划(见 7.6.1)的形式设计。其中也可使用包含限值与监视的方案。方案中常有对控制较低程度的监视,如每周对相关参数进行检查。

7.6 HACCP 计划的建立

7.6.1 HACCP 计划

HACCP 计划应形成文件,针对每个已确定的关键控制点,应包括以下信息:

a. 关键控制点所控制的食品安全危害;

b. 控制措施(CCPs);

c. 关键限值;

d. 监视程序;

e. 关键限值超出时,应采取的纠正和纠正措施;

f. 职责和权限;

g. 监视的记录。

理解要点：

1. HACCP 计划中可包括程序或作业指导书；

2. 可接受水平的变动、须控制的确定食品安全危害的变动，以及由于某一控制措施是否仍需要或是否需要实施新的控制措施，导致环境的其他变化都可能影响 HACCP 计划。因此，HACCP 计划有必要进行更新。

7.6.2 关键控制点（CCPs）的确定

对于由 HACCP 计划控制的每个危害，针对已确定的控制措施确定关键控制点（见 7.4.4）。

理解要点：

1. 当对控制措施的识别和评价（见 7.4.4）不能识别关键控制点时，潜在的危害须由操作性前提方案控制。

2. 对同一危害可能由不止一个关键控制点来实施控制，而在某些产品生产中也可能识别不出关键控制点。

7.6.3 关键控制点的关键限值的确定

应对每个关键控制点所设定的监视确定其关键限值。关键限值的建立应以确保终产品（见 7.4.2）的安全信息不超过已知可接受水平。关键限值应是可测量的。关键限值选定的理由和依据应形成文件。基于主观信息（如对产品、过程、处置等的感官检验）的关键限值，应有指导书、规范和（或）教育及培训的支持。

理解要点：

关键限值表明了在关键控制点上的严格程度。当确定同一控制措施控制一种以上的食品安全危害时，通常由对该控制措施最不敏感的危害来决定此严格程度。关键限值应是可测量的，其选定的理由应该形成文件。

7.6.4 关键控制点的监视系统

对每个关键控制点应建立监视系统，以证实关键控制点处于受控状态。该系统应包括所有针对关键限值的、有计划的测量或观察。

监视系统应由相关程序、指导书和表格构成，包括以下内容：

a. 在适宜的时间框架内提供结果的测量或观察；

b. 所用的监视装置；

c. 适用的校准方法；

d. 监视频次；

e. 与监视和评价监视结果有关的职责和权限；

f. 记录的要求和方法。

当时，监视的方法和频率应能够及时确定关键限值何时超出，以便在产品使用或消费前对产品进行隔离。

理解要点：

大多数关键控制点的监控程序应当提供实时的与在线过程相关的信息，应记录所有监控数据，而不仅是出现偏差时。

7.6.5 监视结果超出关键限值时采取的措施

应在 HACCP 计划中规定关键限值超出时所采取的策划的纠正和纠正措施。这些措施应确保查明不符合的原因,使关键控制点控制的参数恢复受控,并防止再次发生(见 7.10.2)。

为适当地处置潜在不安全产品,应建立和保持形成文件的程序,以确保对其评价后再放行。

理解要点:

在 HACCP 计划中应规定关键控制点偏离关键限值时所采取的措施:使关键控制点恢复受控;分析并查明超出的原因,以防止再发生(见 7.10.2);对偏离时所生产的产品,应按照潜在不安全产品程序进行处置(见 7.10.3);处置后的产品经评价合格后才能放行。

7.7 预备信息的更新、描述前提方案和 HACCP 计划的文件更新

制订操作性前提方案和(或)HACCP 计划后,必要时组织应更新以下信息:

a. 产品特性(见 7.3.3);

b. 预期用途(见 7.3.4);

c. 流程图(见 7.3.5.1);

d. 过程步骤(见 7.3.5.2);

e. 控制措施(见 7.3.5.2)。

必要时,应对 HACCP 计划以及描述前提方案的程序和指导书进行修改。

理解要点:

进行危害分析后有必要时对 a ~ e 进行文件的更新。

7.8 验证的策划

验证策划应规定验证活动的目的、方法、频次和职责。验证活动应确定:

a. 操作性前提方案得以实施;

b. 危害分析的输入持续更新;

c. HACCP 计划中的要素和操作性前提方案得以实施且有效;

d. 危害水平在确定的可接受水平之内;

e. 组织要求的其他程序得以实施,且有效。

该策划的输出应采用适于组织运作的形式。

应记录验证的结果,且传达到食品安全小组。应提供验证的结果以进行验证活动结果的分析。

当体系验证是基于终产品的测试,且测试的样品不符合食品安全危害的可接受水平时,受影响批次的产品应按照潜在不安全产品处置。

理解要点:

1. 验证是为组织所实施的食品安全管理体系的能力提供信任的工具。本标准对食品安全管理体系进行单独要素和整体绩效两个方面的验证。条款 7.8 关注的是前者而条款 8.4 则关注的是后者。

2. 验证频次取决于控制措施效果的不确定性,验证策划的输出形式可以根据组织的需求来确定,可以是表格、程序或作业指导书的形式。

7.9 可追溯性系统

组织应建立且实施可追溯性系统,以确保能够识别产品批次及其与原料批次、生产和交付记录的关系。

可追溯性系统应能够识别直接供方的进料和终产品首次分销途径。

应按规定的时间间隔保持可追溯性记录，以进行体系评价，使潜在不安全产品得以处理，在产品撤回时，也应按规定的期限保持记录。可追溯性记录应符合法律法规要求、顾客要求，例如，可以是基于终产品的批次标识。

理解要点：

1. 组织可通过标识在容器和产品上的编码以辨别产品、组成成分和服务的批次或来源，记录提供产品的交付地和采购方。

2. 可采取定期演练的方式或对实际发生的问题产品进行追溯，确保潜在不安全产品的召回，以证实可追溯系统的有效性；可追溯记录的保存期应权衡终产品的保质期、顾客和法规要求来制定。

7.10 不符合控制

7.10.1 纠正

根据终产品的用途和放行要求，组织应确保关键控制点超出或操作性前提方案失控时，受影响的终产品得以识别和控制。应建立和保持形成文件的程序，规定：

a. 识别和评价受影响的产品，以确定对它们进行适宜的处置；

b. 评审所实施的纠正。

超出关键限值的条件下生产的产品是潜在不安全产品，应按 7.10.3 进行处置。不符合操作性前提方案条件下生产的产品，评价时应考虑不符合原因和由此对食品安全造成的后果；必要时按 7.10.3 进行处置，评价应予以记录。

所有纠正应由负责人批准并予以记录，记录还应包括不符合的性质及其产生的原因和后果，以及不合格批次的可追溯性信息。

理解要点：

建立和保持形成文件的程序以控制受影响的产品。超出关键限值的条件下生产的产品视为潜在不安全产品；对于不符合操作性前提方案时所生产出的产品，应根据不符合原因及其对终端产品的影响程度进行评价，确定为不安全的产品，根据 7.10.3 对潜在不安全产品进行处理。

7.10.2 纠正措施

通过监视操作性前提方案和关键控制点所获得的数据，应由指定的、具备足够知识（见 6.2）和权限（见 5.4）的人员进行评价，以启动纠正措施。

当关键限值超出和不符合操作性前提方案时，应采取纠正措施。

组织应建立和保持形成文件的程序，规定适宜的措施以识别和消除已发现的不符合的原因，防止其再次发生；并在不符合发生后，使相应的过程或体系恢复受控状态，这些措施包括：

a. 评审不符合（包括顾客抱怨）；

b. 对可能表明向失控发展的监视结果的趋势进行评审；

c. 确定不符合的原因；

d. 评价采取措施的需求以确保不符合不再发生；

e. 确定和实施所需的措施；

f. 记录所采取纠正措施的结果；

g. 评审采取的纠正措施，以确保其有效。

纠正措施应予以记录。

理解要点：

监控的结果，包括关键控制点偏离和操作性前提方案不符合的结果，是纠正和纠正措施的输入。由组织授权的人实施纠正措施，以识别和消除不符合发生的原因。纠正措施应予以记录。

7.10.3 潜在不安全产品的处置

7.10.3.1 总则

除非组织能确保以下情况，否则应采取措施处置所有不合格产品，以防止不合格产品进入食品链。

a. 相关的食品安全危害已降至规定的可接受水平；

b. 相关的食品安全危害在产品进入食品链前将降至确定的可接受水平；

c. 尽管不符合，但产品仍能满足相关食品安全危害规定的可接受水平。

可能受不符合影响的所有批次产品应在评价前处于组织的控制之中。

当产品在组织的控制之外，且被确定为不安全时，组织应通知相关方，采取撤回（见7.10.4）。处理潜在不安全产品的控制要求、相关响应和权限应形成文件。

注：术语“撤回”包括召回。

7.10.3.2 放行的评价

受不符合影响的每批产品应在符合下列任一条件时，才可在分销前作为安全产品放行：

a. 除监视系统外的其他证据证实控制措施有效；

b. 证据表明，针对特定产品的控制措施的组合作用达到预期效果；

c. 抽样、分析和（或）其他验证活动证实受影响批次的产品符合相关食品安全危害确定的可接受水平。

7.10.3.3 不合格品处置

评价后当产品不能放行时，产品应按如下之一处理：

a. 在组织内或组织外重新加工或进一步加工，以确保食品安全危害消除或降至可接受水平；

b. 销毁和（或）按废物处理。

理解要点：

1. 在潜在不安全产品进入食品链之前，需对其进行评价，以确保安全的产品进入食品链；

2. 标准里提到的不符合并不一定是不安全；

3. 组织应建立程序，以规定潜在不安全产品的控制及其相关响应，并在文件中明确不安全产品和导致潜在不安全产品的过程评审、处置和放行人员的权限；

4. 当确认潜在不安全产品的食品安全危害已经降低到可接受水平时，由授权人员实施放行；确定为不安全产品，可采取销毁和再加工等方式处置。

7.10.4 撤回

为能够并便于完全、及时地撤回确定为不安全的终产品批次：

①最高管理者应指定有权启动撤回的人员和负责执行撤回的人员。

②组织应建立、保持形成文件的程序：

a. 通知相关方[如主管部门、顾客和(或)消费者]；

b. 处置撤回产品及库存中受影响的产品；

c. 采取措施的顺序。

被撤回产品在被销毁、改变预期用途、确定按原有(或其他)预期用途使用是安全的或重新加工以确保安全之前，应在监督下予以保留。

撤回的原因、范围和结果应予以记录，并向最高管理者报告，作为管理评审(见5.8.2)输入。组织应通过使用适宜技术验证并记录撤回方案的有效性(如模拟撤回或实际撤回)。

理解要点：

组织应建立形成文件的程序，以识别和评价待召回产品，通知相关方，防止食品安全危害的扩散；当证实不安全产品后，应通知相关方，包括主管部门、相关产品顾客；对不安全产品可通过电视、媒体广告、互联网等途径进行召回；组织应对召回程序的有效性进行验证，可通过模拟召回、验证实验和实际召回的方式验证。

8 食品安全管理体系的确认、验证和改进

8.1 总则

食品安全小组应策划和实施对控制措施和控制措施组合进行确认所需的过程，并验证和改进食品安全管理体系。

理解要点：

食品安全小组应对验证、确认和更新食品安全管理体系所需的过程进行策划和实施。

8.2 控制措施组合的确认

对于包含于操作性前提方案 OPRP 和 HACCP 计划的控制措施实施之前及在变更后，组织应确认：

所选择的控制措施能使其针对的食品安全危害实现预期控制，控制措施和(或)其组合时有效，能确保控制已确定的食品安全危害，并获得满足规定可接受水平的终产品；当确认结果表明不能满足一个或多个上述要素时，应对控制措施和(或)其组合进行修改和重新评估(见7.4.4)；修改可能包括控制措施[即生产参数、严格度和(或)其组合]的变更，和(或)原料、生产技术、终产品特性、分销方式、终产品预期用途的变更。

理解要点：

1. 确认方法：参考他人已完成的确认或历史知识；用试验模拟过程条件；收集正常操作条件下生物、化学和物理危害的数据；统计学设计的调查和数学模型。

2. 确认可分为初始确认、计划周期性确认或由特殊事例引发的确认。

8.3 监视和测量的控制

组织应提供证据表明采用的监视、测量方法和设备是适宜的，以确保监视和测量程序的成效，为确保结果的有效性，必要时所使用的测量设备和方法应：

a. 对照能溯源到国际或国家标准的测量标准，在规定的时间间隔或在使用前进行校准或检定。当不存在上述标准时，校准或检定的依据应予以记录。

b. 进行调整或必要时再调整。

c. 得到识别，以确定其校准状态。

d. 防止可能使测量结果失效的调整。

e. 防止损坏和失效。

校准和验证结果记录应予以保持。

此外,当发现设备或过程不符合要求时,组织应对以往测量结果的有效性进行评价。当测量设备不符合时,组织应对该设备以及任何受影响的产品采取适当的措施。这种评价和相应措施的记录应予以保持。当计算机软件用于规定要求的监视和测量时,应确认其满足预期用途的能力。确认应在初次使用前进行,必要时再确认。

理解要点:

1. 组织应决定用什么方法和步骤进行监测,才能保证监控和确认活动的有效性,应保存校准和验证记录;

2. 运行中如果发现测量设备不符合要求,应修复设备,并评价不符合时受影响的产品,评价结果及所采取的后续措施应加以记录并保存。

8.4 食品安全管理体系的验证

8.4.1 内部审核

组织应按照策划的时间间隔进行内部审核,以确定食品安全管理体系是否符合策划的安排、组织所建立的食品安全管理体系的要求和本标准的要求,得到有效实施和更新。

策划审核方案要考虑拟审核过程和区域的状况与重要性,以及以往审核产生的更新措施。应规定审核的准则、范围、频次和方法。审核员的选择和审核的实施应确保审核过程的客观性和公正性。审核员不应审核自己的工作。应在形成文件的程序中规定策划和实施审核以及报告结果和保持记录的职责和要求。负责受审核区域的管理者应确保及时采取措施,以消除所发现的不符合情况及原因,不能不适当地延误。跟踪活动应包括对所采取措施的验证和验证结果的报告。

理解要点:

组织应建立形成文件的内审程序,对制订内审计划、组织实施、报告结果和保持记录等工作职责和要求加以规定(包括准则、范围、频率、办法)。为保证客观性,标准明确提出审核员不审核自己所做工作。本标准强调,审核结果应以适当形式向最高管理者汇报,并作为管理评审和更新食品安全管理体系输入。

8.4.2 单项验证结果的评价

食品安全小组应系统地评价所策划的验证(见 7.8)的每个结果。

当验证证实不符合策划的安排时,组织应采取措施达到规定的要求。该措施应包括但不限于评审以下方面:

a. 现有的程序和沟通渠道(见 5.6 和 7.7);

b. 危害分析的结论(见 7.4)、已建立的操作性前提方案(见 7.5)和 HACCP 计划(见 7.6);

c. PRP(s)(见 7.2);

d. 人力资源管理和培训活动(见 6.2)的有效性。

理解要点:

1. 验证活动发现的不符合可能是硬件设备方面,也可能是管理系统方面。标准列举了可能会出现的4个方面问题,但实际发生的不符合可能不止这4种。

2. 标准要求验证活动本身应进行策划(7.8),而且对其结果评价也应系统化。

8.4.3 验证活动结果的分析

食品安全小组应分析验证活动的结果,包括内部审核(见8.4.1)和外部审核的结果。应进行分析,以:

a. 证实体系的整体运行满足策划的安排和本组织建立食品安全管理体系的要求;

b. 识别食品安全管理体系改进或更新的需求;

c. 识别表明潜在不安全产品高事故风险的趋势;

d. 建立信息,便于策划与受审核区域状况和重要性有关的内部审核方案;

e. 提供证据证明已采取纠正和纠正措施的有效性。

分析的结果和由此产生的活动应予以记录,并以相关的形式向最高管理者报告,作为管理评审(见5.8.2)输入;也应用作食品安全管理体系更新的输入。

理解要点:

食品安全小组应分析验证活动的结果的变化趋势,以识别改进的机会,分析结果和产生的活动应形成文件并作为管理评审和体系更新的输入。

8.5 改进

8.5.1 持续改进

最高管理者应确保组织通过采用以下活动,持续改进食品安全管理体系的有效性:沟通(见5.6)、管理评审(见5.8)、内部审核(见8.4.1)、单项验证结果的评价(见8.4.2)、验证活动结果的分析(见8.4.3)、控制措施组合的确认(见8.2)、纠正措施(见7.10.2)和食品安全管理体系更新(见8.5.2)。

注:GB/T 19001 阐述了质量管理体系有效性的持续改进。GB/T 19004 在 GB/T 19001 之外提供了质量管理体系有效性和效率持续改进的指南。

理解要点:

在保证实现食品安全的要求下,组织应不断改进食品安全管理。本标准提出了改进的途径和方法。

8.5.2 食品安全管理体系的更新

最高管理者应确保食品安全管理体系持续更新。

为此,食品安全小组应按策划的时间间隔评价食品安全管理体系,继而应考虑评审危害分析(见7.4)、已建立的操作性前提方案 PRP(s)(见7.5)和 HACCP 计划(见7.6.1)的必要性。

评价和更新活动应基于:

a. 5.6中所述的内部和外部沟通信息的输入;

b. 与食品安全管理体系适宜性、充分性和有效性有关的其他信息的输入;

c. 验证活动结果分析的输出;

d. 管理评审的输出。

体系更新活动应予以记录,并以适当的形势报告,作为管理评审的输入(见5.8.2)。

理解要点：

最高管理层对于及时更新体系负有领导责任；食品安全管理体系更新的具体执行由食品安全小组落实；本标准对更新的输入作了具体规定，并明确应有输出记录；更新活动的情况向最高管理层报告。

7.3.2 食品企业专项技术要求

2010年3月1日，国家认证认可监督管理委员会发布实施《食品安全管理体系认证实施规则》(CNCA-N-007)规定食品安全管理体系认证标准为A+B，A为ISO 22000:2005《食品安全管理体系——食品链中各类组织的要求》，B为专项技术要求。

国家认监委2014年第20号公告《国家认监委关于更新食品安全管理体系认证专项技术规范目录的公告》规定，食品安全管理体系认证专项技术规范总计29个。食品安全管理体系认证专项技术规范目录如下：

1. GB/T 27301 食品安全管理体系　肉及肉制品生产企业要求
2. GB/T 27302 食品安全管理体系　速冻方便食品生产企业要求
3. GB/T 27303 食品安全管理体系　罐头食品生产企业要求
4. GB/T 27304 食品安全管理体系　水产品加工企业要求
5. GB/T 27305 食品安全管理体系　果汁和蔬菜汁类生产企业要求
6. GB/T 27306 食品安全管理体系　餐饮业要求
7. GB/T 27307 食品安全管理体系　速冻果蔬生产企业要求
8. CNCA/CTS 0006—2008A(CCAA 0001—2014)食品安全管理体系　谷物加工企业要求
9. CNCA/CTS 0007—2008A(CCAA 0002—2014)食品安全管理体系　饲料加工企业要求
10. CNCA/CTS 0008—2008A(CCAA 0003—2014)食品安全管理体系　食用油、油脂及其制品生产企业要求
11. CNCA/CTS 0009—2008A(CCAA 0004—2014)食品安全管理体系　制糖企业要求
12. CNCA/CTS 0010—2008A(CCAA 0005—2014)食品安全管理体系　淀粉及淀粉制品生产企业要求
13. CNCA/CTS 0011—2008A(CCAA 0006—2014)食品安全管理体系　豆制品生产企业要求
14. CNCA/CTS 0012—2008A(CCAA 0007—2014)食品安全管理体系　蛋及蛋制品生产企业要求
15. CNCA/CTS 0013—2008A(CCAA 0008—2014)食品安全管理体系　糕点生产企业要求
16. CNCA/CTS 0014—2008A(CCAA 0009—2014)食品安全管理体系　糖果类生产企业要求
17. CNCA/CTS 0016—2008A(CCAA 0010—2014)食品安全管理体系　调味品、发酵制品生产企业要求
18. CNCA/CTS 0017—2008A(CCAA 0011—2014)食品安全管理体系　味精生产企业要求
19. CNCA/CTS 0018—2008A(CCAA 0012—2014)食品安全管理体系　营养保健品生产企业要求

20. CNCA/CTS 0019—2008A(CCAA 0013—2014)食品安全管理体系　冷冻饮品及食用冰生产企业要求

21. CNCA/CTS 0020—2008A(CCAA 0014—2014)食品安全管理体系　食品及饲料添加剂生产企业要求

22. CNCA/CTS 0021—2008A(CCAA 0015—2014)食品安全管理体系　食用酒精生产企业要求

23. CNCA/CTS 0026—2008A(CCAA 0016—2014)食品安全管理体系　饮料生产企业要求

24. CNCA/CTS 0027—2008A(CCAA 0017—2014)食品安全管理体系　茶叶、含茶制品及代用茶加工生产企业要求

25. CNCA/CTS 0010—2014(CCAA 0018—2014)食品安全管理体系　坚果加工企业要求

26. CNCA/CTS 0011—2014(CCAA 0019—2014)食品安全管理体系　方便食品生产企业要求

27. CNCA/CTS 0012—2014(CCAA 0020—2014)食品安全管理体系　果蔬制品生产企业要求

28. CNCA/CTS 0013—2014(CCAA 0021—2014)食品安全管理体系　运输和储藏企业要求

29. CNCA/CTS 0014—2014(CCAA 0022—2014)食品安全管理体系　食品包装容器及材料生产企业要求

其中,CNCA/CTS 0010—2014(CCAA 0018—2014)《食品安全管理体系　坚果加工企业要求》由北京农业职业学院马长路(国家注册审核员)主笔完成,是坚果加工企业食品安全管理体系认证标准之一。

CNCA/CTS 0010—2014(CCAA 0018—2014)标准框架如下:

0 引言

1 范围

2 规范性引用文件

3 术语和定义

4 人力资源

4.1 食品安全小组的组成

4.2 人员能力、意识与培训

4.3 个人卫生与健康要求

5 前提方案

5.1 基础设施和维护

5.2 其他前提方案

6 关键过程控制

6.1 总则

6.2 原辅料控制

6.3 食品添加剂控制

6.4 熟制控制

6.5 包装控制

7 检验
8 产品追溯与撤回

7.4 ISO 22000 食品安全管理体系文件的编写

食品安全管理体系文件是食品企业开展食品质量管理和安全保证的基础，是食品安全管理体系审核和体系认证的主要依据。因此，食品安全管理体系文件必须切合食品企业实际情况，具有系统性、协调性、科学性、针对性和可操作性。

7.4.1 食品安全管理体系文件的种类和层次

1)食品安全管理体系所需的文件

根据 ISO 22000—2006 标准规定食品安全管理体系文件应由 5 个部分组成。

①食品安全方针和相关目标的声明；

②食品安全管理手册；

③ISO 22000:2005 标准要求的形成文件的程序；

④组织为确保食品安全管理体系有效建立、实施和更新所需的文件；

⑤ISO 22000:2005 标准所要求的记录。

2)食品安全管理体系文件的层次

组织在建立食品安全管理体系时，须确定体系的文件层次。各组织的食品安全管理体系一般包括 4 个层次。

(1)管理手册

简述企业的食品安全方针、目标与指标，概括性、原则性、纲领性地描述食品安全管理体系过程及其相互作用。

(2)程序文件

程序文件是管理手册的展开和具体化，使得管理手册中原则性和纲领性的要求得到展开和落实。

程序文件规定了执行食品安全活动的具体办法。内容包括活动的目的和范围；做什么和谁来做；何时、何地和如何做；如何对活动进行控制和记录。

(3)作业指导书

在没有文件化的规定就不能保证管理体系有效运行的前提下，组织应使用作业指导书，详述如何完成具体的作业和任务。

管理规定、操作规程、食品配方、技术文件、HACCP 计划、工艺文件、PRP、OPRP 都属于作业指导书的范畴。

(4)报告、表格

报告、表格用以记录活动的状态和所达到的结果，为体系运行提供查询和追踪依据。

7.4.2　食品安全管理体系文件的编制

1)食品安全方针和相关目标的编制

食品安全方针是由组织的最高管理者正式发布的组织总的食品安全宗旨和方向,是实施、改进与更新食品安全管理体系的推动力。它与质量方针一样,应是其总方针的组成部分,并与其保持一致;它既可以与组织的质量方针合二为一,也可以不同于质量方针。

(1)食品安全方针的编写要求

①在内容上应满足下列要求:

与组织相适宜,应识别组织在食品链中的地位与作用,还应考虑组织的产品、性质、规模等,确保食品安全方针与组织的特点相适应;不同的组织在食品链中的作用不同,产品不同,其经营的宗旨也各不同,所以食品安全方针也有所不同。

符合相关的食品安全法律法规要求及与顾客商定的食品安全要求,组织可根据政府有关食品安全的方针和目标制定自己的食品安全方针。

为确保沟通的有效进行,应在方针中阐述沟通。

②在管理上应满足下列要求:

方针通常使用容易理解的语言来表达,确保组织的各层次进行宣贯,宣贯方式通常是培训、研讨、文件传阅等方式,确保组织的所有员工均能理解方针的含义,了解方针与其活动的关联性,以便大家明确努力的方向,行动协调一致,有效地实施并保持方针。

对方针的适宜性进行评审,根据组织的实际情况以及持续改进的要求决定是否需要发生重大变更,如组织性质、产品等发生变化时也需对方针进行评审。

应形成文件,按文件进行控制和管理。

(2)食品安全方针的示例

①"全员品管　安全优质　持续改进　客户放心";

②"提供绿色食品,不断推出品质高级化、价格合理化、口味大众化的新饮料";

③"以规范管理,顾客至上持续提升服务品质";

④"质量求精,开拓市场,完善服务,忠诚守信";

⑤"优秀的品质让顾客放心,良好的服务让顾客满意"。

(3)食品安全目标的编写要求

食品安全方针为食品安全目标的制订提供基本框架。制订的食品安全目标应不仅可测量(定量或定性),而且应支持食品安全方针,应注意目标与方针之间的关联性,并保持一致,通过目标实现方针。目标除了可以直接体现食品安全的要求外,还可以是与食品安全相关的质量和环境等方面的内容(如污水处理系统),但以支持食品安全方针为宗旨。为了实现目标,组织应当规定相应的职责和权限、时间安排、具体方法,并配备适应的资源。

【示例】

①"顾客投诉:产品质量投诉每年不超过一次;顾客满意度85%,并逐年提高1%"。

②"成品检验合格率:100%;食品安全客户投诉件数0件"。

2)食品安全管理手册的编制

食品安全管理手册是食品企业开展食品安全管理活动的基础,是食品企业应长期遵循的文件。组织的管理手册是根据ISO 22000:2005标准及有关法律法规和其他要求编制的。手册主要包括以下内容:食品安全管理体系范围的说明;引用的程序文件和管理体系中各过程的相互作用的描述。

食品安全管理手册具体包括前言部分、正文部分及附录3部分。

(1)前言部分

①手册批准令。手册批准令应概括说明食品安全管理手册的重要性,手册发布及执行时间,本企业最高管理者签字等事项。

【示例】

某食品公司的发布令

《食品安全管理手册》是由本公司组织各有关部门依据ISO 22000:2005《食品安全管理体系 食品链中各类组织的要求》和相关法律法规,结合本公司实际情况编制而成,阐述了本公司食品安全管理体系的情况和作用,内容包括:

a.食品安全管理体系的范围;

b.本公司食品安全管理体系所形成的程序或对其引用;

c.食品安全管理体系过程之间的顺序和相互作用的表述。

本《食品安全管理手册》是本公司食品安全管理的法规,从发布之日起,要求各部门、全体员工严格贯彻执行。

总经理:

2008年6月20日

②手册的管理及使用说明。为保证食品安全管理手册管理的严肃性和有效性,本章应规定食品安全管理手册的编制、发放、修订等程序,保证手册的受控。具体包括手册管理的目的、适用范围、职责、编制和审批、手册发放、手册控制、手册修订、手册的再版、手册的宣贯、相关记录及文件等内容。

③食品安全方针目标发布令。主要包括本公司的食品安全方针及内涵、食品安全目标、食品安全承诺等内容,最后由总经理签字发布。

④企业概况。主要介绍本企业或公司的规模、性质、地址、产品种类、联系方式等内容。

⑤食品安全小组组长任命书。主要说明任命食品安全小组组长的依据及其主要职责和权限,并且由本组织的最高管理者签字。

【示例】

某公司的食品安全小组组长任命书

根据本公司食品安全管理体系建立、实施、保持和发展的需要,特任命 同志为食品安全管理体系食品安全小组组长。其主要职责和权限如下:

确保按照ISO 22000:2005标准的要求建立、实施、保持和更新食品安全管理体系;

直接向组织的总经理报告食品安全管理体系的有效性和适宜性,参与制订食品安全方针和目标,并具体决定实施方法和进行评审,作为体系改进的基础;

为食品安全小组成员安排相关的培训和教育,理解本企业的产品、过程、设备和食品安全危害,以及与体系相关的管理要求,确保在整个组织内提高食品安全的意识;

配合总经理配置、调度体系建立和运行所需的资源和人员,掌握各部门职责和重要的接口方式；

熟悉食品安全管理体系基本情况，掌握本企业质量卫生安全体系的工作状况，组织实施公司食品安全管理体系内部审核，任命内审组长；

对内负责各部门之间体系运作的协调，对外负责食品安全管理体系有关事宜的联络。

总经理：

2008年1月10日

⑥组织机构图。用图表的方式把本公司的组织机构表述出来，某企业的组织机构图如图7.3所示。

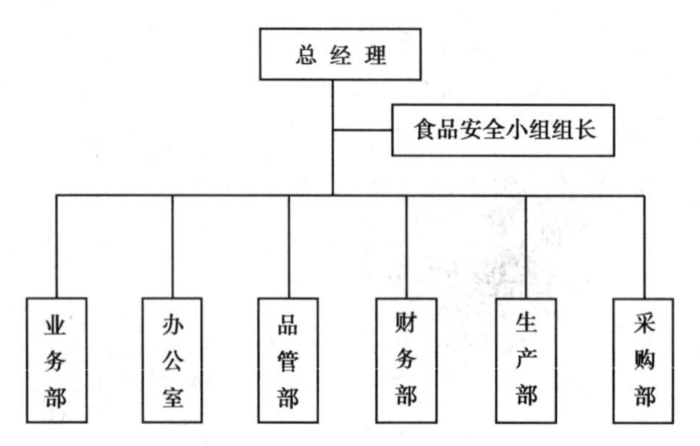

图7.3 某企业的组织机构图

⑦食品安全管理体系职能分配表，见表7.1。

表7.1 食品安全管理体系职能分配表

本手册章节号	要求	公司总经理	食品安全小组组长	食品安全小组	厂务部	品管部	管理部	业务部
4.1	总体要求	☆	▲	○	○	○	○	○
4.2	文件要求	○	☆	▲	○	▲	○	○
5.1	管理承诺	▲	○	○	○	○	○	○
5.2	食品安全方针	▲	○	○	○	○	○	○
5.3	策划	☆	▲	○	○	○	○	○
5.4	职责和权限	▲	○	○	○	○	○	○
5.5	食品安全小组	☆	▲	○	○	○	○	○
5.6	沟通	☆	○	○	○	○	○	○
5.7	应急准备和响应	☆	▲	○	○	○	○	○
5.8	管理评审	▲	○	○	○	○	○	○
6.1	资源的提供	▲	○	○	○	○	○	○
6.2	人力资源	☆	○	○	○	▲	○	○
6.3	基础设施	☆	○	○	▲	▲	○	○
6.4	工作环境	☆	○	○	○	▲	○	○
7.1	总则	☆	▲	○	○	○	○	○

续表

本手册章节号	要　求	公司总经理	食品安全小组组长	食品安全小组	厂务部	品管部	管理部	业务部
7.2	前提方案	○	☆	▲	○	○	○	○
7.3	实施危害分析的预备步骤	○	☆	▲	○	○	○	○
7.4	危害分析	○	☆	▲	○	○	○	○
7.5	操作性前提方案的建立	○	☆	▲	○	▲	▲	○
7.6	HACCP计划的建立	○	☆	▲	○	○	○	○
7.7	预备信息的更新、描述前提方案和HACCP计划的文件更新	○	☆	▲	○	○	○	○
7.8	验证的策划	○	☆	▲	○	○	○	○
7.9	可追溯性系统	○	☆	○	▲	▲	▲	▲
7.10.1	纠正	○	☆	○	○	○	▲	○
7.10.2	纠正措施	○	☆	○	○	○	▲	○
7.10.3	潜在不安全产品的处置	○	☆	○	○	○	▲	○
7.10.4	撤回	☆	▲	○	▲		▲	▲
8.1	总则	☆	▲	○	○	○	○	○
8.2	控制措施组合的确认	○	☆	▲	○	○	○	○
8.3	监视和测量的控制	○	☆	○	○	○	▲	○
8.4.1	内部审核	○	☆	▲	○	○	○	○
8.4.2	单项验证结果的评价	○	☆	▲	○	○	○	○
8.4.3	验证活动结果的分析	○	☆	▲	○	○	○	○
8.5	改进	☆	▲	○	○	○	○	○

注：☆——归口；▲——主管；○——配合。

(2)手册正文部分

食品安全管理手册正文部分应按照ISO 22000:2005标准框架结合自己的企业情况进行编写。具体包括以下8个方面的内容：

①范围；

②规范性引用文件；

③术语和定义；

④食品安全管理体系；

⑤管理职责；

⑥资源管理；

⑦安全产品的策划和实现；

⑧食品安全管理体系的确认、验证和改进。

(3)附录部分

附录可以包括程序文件清单，HACCP 计划表等。

(4)食品安全管理体系程序文件的编制

ISO 22000:2005 标准要求的形成文件的程序共 9 个，分别是文件控制程序、记录控制程序、操作性前提方案程序、处置不安全产品程序、应急准备与相应程序、纠正程序、纠正措施程序、撤回程序、内部审核程序。

每个程序文件应包括下列内容：活动目的和适用范围，应做什么，由谁来做；何时、何地以及如何去做；应使用什么材料，涉及的文件以及相关的记录。

【示例】

应急准备与响应控制程序

1. 目的

建立应急状况的识别和响应机制，确定可能影响食品安全的潜在事故和紧急情况，制订相应的预案，在应急状况发生时作出有效的响应，防止和解决可能伴随的食品安全影响。

2. 范围

适用于公司所有的仓库、生产和服务场所及过程中出现的事故和紧急情况。

3. 职责

3.1　管理者代表负责应急准备的协调和管理

3.2　总经理承担相应的责任

3.3　在应急现场的最高职级的主管负责按本程序作出响应

3.4　各部门按其职责执行本程序规定

4. 程序

4.1　应急状况识别

管理者代表负责对需要应急准备和响应的可能影响食品安全的潜在事故和紧急情况识别，同时识别出这些情况会给食品带来何种危害，并根据公司、社会和环境的变化不断进行完善。

4.2　制订应急预案

管理者代表应针对识别出的可能影响食品安全的潜在事故和紧急情况预先制订应对措施。可考虑的应对措施包括：

a. 突然停水：略。

b. 火灾发生：略。

c. 传染病流行：略。

d. 地震、台风、洪水等天灾：略。

e. 突然停电：略。

f. 食物中毒：略。

g. 有害物泄漏：略。

h. 食品链的紧急变化:略。

4.3　响应的保障

各部门各负其责,具体内容略。

4.4　应急响应

响应的具体部属略。

4.5　报告与完善

向最高管理者汇报,并进行总结和完善。

5. 相关文件

纠正和预防措施控制程序

各种应急方案

6. 相关记录

×××/SP/01-01V1.0　　应急联系单

×××/SP/01-02V1.0　　应急报告书

(5)组织为确保食品安全管理体系有效建立、实施和更新所需的文件

通常包括产品规范、HACCP 计划、操作性前提方案和前提方案,以及要求的其他运行程序,如特定产品、过程或任何源于外部的有关合同(如虫害控制、产品检测),规定由谁、何时使用哪些程序,为某项活动或过程所规定的作业指导书或操作规程等。作业指导书在组织中大量使用,它主要针对具体操作者的具体活动而制定。如乳品厂使用的《杀菌机作业指导书》《无菌灌装机作业指导书》等。规范是那些阐明要求的文件,其中可包括与活动有关的规范(如过程规范、实验规范)和与产品有关的规范(如产品规范、图样、性能规范)。

ISO 22000:2005 的文件要求有很大的灵活性,组织能够根据需要考虑是否编制各类文件。此外,组织还可能存在其他类型的文件,如流程图、组织结构图、厂区平面图、车间平面图、人流物流图、水流气(汽)图等。

①作业指导书。一般包括作业目的、适用范围、职责、定义、作业程序、支持性文件、记录等内容。

②HACCP 计划。HACCP 计划一般包括以下内容:

a. 产品描述。一般包括产品名称、产品执行标准、包装方式、净含量、食用方式、产品特性、保存期限、加工方式、保存条件、销售对象等内容。

b. 原料描述。一般包括原料名称、执行标准、制定依据、感官要求、理化指标等内容。

c. 配料描述。一般包括配料名称、执行标准、制定依据等内容。

d. 工艺流程图。流程图是危害分析的依据,从原辅料验收、加工直到贮存,建立清楚、完整的流程图,覆盖所有的步骤。流程图的精确性对危害分析是关键,因此,流程图列出的步骤必须在现场进行验证,以免疏忽某一步骤而疏漏了安全危害。

e. 工艺步骤描述。主要对工艺各步骤进行详细描述。

建立危害分析工作单,见表 7.2。

表 7.2 危害分析工作单

公司名称： 产品描述：

地址： 销售和贮存方式：

预期用途和消费者：

签名： 日期：

加工步骤	确定在本步骤进入的、受控或加强了的潜在危害	潜在的食品危害是显著的吗？（是/否）	判断依据	应用什么预防措施防止这些显著危害？	本步骤是关键控制点吗？（是/否）
	生物性： 化学性： 物理性：				

f. HACCP 计划表。HACCP 计划表中包括需要制定关键控制点的：关键限值、监控程序、纠正措施、记录及验证，见表 7.3。

表 7.3 HACCP 计划表

公司名称： 产品描述：

地址： 销售和贮存方式：

预期用途和消费者：

签名： 日期：

关键控制点	显著危害	各预防措施的关键限值	监视				纠正措施	记录	验证
			对象	方法	频率	责任人			

（6）验证报告

当 HACCP 计划制订完毕，并进行运行后，由 HACCP 小组成员，按照 HACCP 原理七进行验证，并以书面报告的形式附在 HACCP 计划的后面。

验证报告包括：

①确认——获取制订 HACCP 计划的科学依据。

②CCP 验证活动——监控设备校正记录复查、针对性取样检测、CCP 记录等复查。

③HACCP 系统的验证——审核 HACCP 计划是否有效实施及对最终样品的微生物检测。

（7）ISO 22000：2005 标准所要求的记录

记录是一种特殊的文件。其特殊性表现在记录的表格是文件，一旦填写内容作为提供所完成活动的证据，从而成为记录，记录是不允许更改的。

记录可提供产品、过程和体系符合要求及体系有效运行的证据，具有追溯、证实和依据记录采取纠正措施和预防措施的作用。在规定的时限和受控条件下，保持适当的记录是组织的一项关键活动。在已考虑产品预期用途和在食品链中期望的保质期的情况下，组织应基于保持的记录作出决策。记录格式可结合企业实际进行设计。

ISO 22000：2005 标准中有 23 个条款中提出记录的要求，分别是：5.6.1、5.8.1、6.2.1、

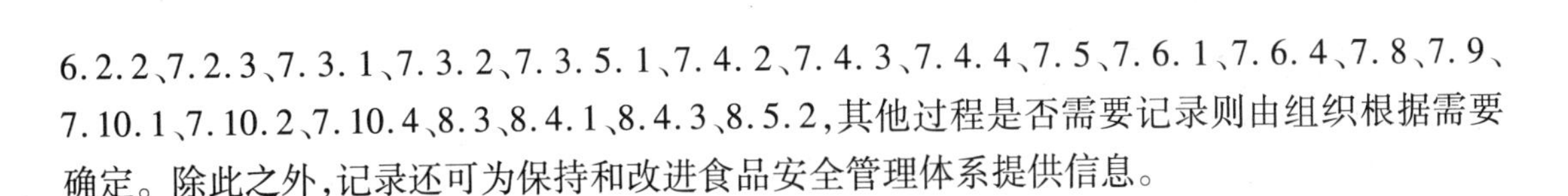
6.2.2、7.2.3、7.3.1、7.3.2、7.3.5.1、7.4.2、7.4.3、7.4.4、7.5、7.6.1、7.6.4、7.8、7.9、7.10.1、7.10.2、7.10.4、8.3、8.4.1、8.4.3、8.5.2，其他过程是否需要记录则由组织根据需要确定。除此之外，记录还可为保持和改进食品安全管理体系提供信息。

7.5 食品安全管理体系内部审核

按照ISO 22000标准的要求，凡是推行ISO 22000的组织，每年都要进行一定频次的内部食品安全管理体系审核。内部食品安全管理体系审核由经过培训的有资格的内审员来执行审核任务。企业可根据具体情况，培训若干名内审员，内审员可由各部门人员兼职担任。

实训1 为一个巧克力企业食品安全管理体系认证选择认证公司并询价

实训目的：通过学生自己搜索认证公司，主动与认证公司进行深入交流并了解具体认证价格，通过不同认证公司的比较，培养学生正确识别认证公司、权衡认证效果与认证成本的关系，使学生具备进行ISO 22000食品安全管理体系认证的前期基本实践技能。

实训组织：

1. 根据班级学生数进行合理分组。
2. 安排学生收集本地所有能够进行食品安全管理体系认证公司的相关信息，进行一对一咨询。
3. 每组制作幻灯片，选择一位代表为大家讲解本组所咨询的认证公司情况及询价结果。
4. 各组成员根据汇报情况选择认证公司，并说明选择理由。

实训成果：幻灯片、讲解、选择结果。

实训评价：

考核评价表

学生姓名	交流时的逻辑性（20分）	汇报的全面性（20分）	咨询的实际价值（30分）	认证公司的正确选择（40分）

实训2 编写一套蛋糕企业食品安全管理体系文件

实训目的：

1. 通过对ISO 22000食品安全管理体系文件的编写，让学生掌握具体食品安全管理体系的内容和体系文件的编写方法。

2. 通过实训，能让学生在实际企业生产中学会运用食品安全管理体系文件。

实训组织：

根据班级学生数进行合理分组。

1. 复习所学蛋糕专业知识，结合网络搜索资料，根据本章食品安全管理体系文件编写方法，制订一套蛋糕企业食品安全管理体系文件。

2. 每组选择一位代表为大家讲解本组所撰写的食品安全管理体系文件，并接受老师和其他各组同学质疑。

3. 教师点评各组食品安全管理体系文件的编写质量。

实训成果：蛋糕企业食品安全管理体系文件。

实训评价：

考核评价表

学生姓名	专业知识的掌握情况（20分）	交流时的逻辑性（20分）	回答质疑的准确性（20分）	食品安全管理手册的编写（40分）

实训3　模拟进行冰激凌企业 ISO 22000 食品安全管理体系审核

实训目的：通过对 ISO 22000 食品安全管理体系的审核，让学生掌握具体食品安全管理体系的审核内容、审核步骤、审核的意义。

实训组织：

1. 根据班级学生数进行合理分组。

2. 每组制作幻灯片，并选择一位代表为大家讲解本组所开展的食品安全管理体系审核流程、审核方法、审核结果，并接受老师和其他各组同学质疑。

3. 教师点评各组食品安全管理体系审核情况。

实训成果：幻灯片、讲解。

实训评价：

考核评价表

学生姓名	审核设计的合理性（20分）	交流时的逻辑性（20分）	回答质疑的准确性（20分）	与相应标准法规的吻合度（40分）

项目小结

本项目介绍了 ISO 22000 标准、食品安全管理体系认证专项技术要求、食品安全管理体系文件编制和食品安全管理体系内部审核方法。提高学生 ISO 22000 食品安全管理体系认证认识和应用审核能力。

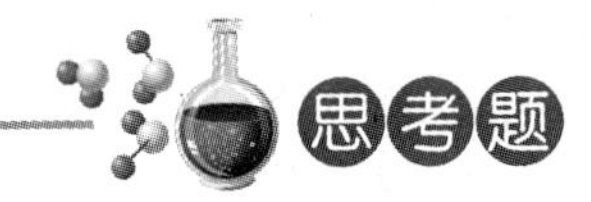

思考题

1. 食品安全管理与质量管理的区别是什么?
2. 食品安全管理体系审核标准是什么?
3. 专项技术要求有哪些?
4. 食品安全管理体系文件有哪些?
5. 食品安全管理体系的主要目的是什么?

参考文献

[1] 马长路. 食品企业管理体系建立与认证[M]. 北京:中国轻工业出版社,2009.
[2] 刘继鹏,潘炳玉. 质检员专业管理实务[M]. 湖北:黄河水利出版社,2010.
[3] 齐坚. 物业管理教程[M]. 2 版. 上海:同济大学出版社,2011.
[4] 田武. 质量管理体系内部审核及文件编写[M]. 北京:中国计量出版社,2009.
[5] 彭珊珊,朱定和. 食品标准与法规[M]. 北京:中国轻工业出版社,2011.
[6] 周才琼. 食品标准与法规[M]. 北京:中国农业大学出版社,2009.
[7] 陈焱. 卫生监督理论与实践[M]. 北京:科学技术文献出版社,2011.
[8] 吴晓彤,王尔茂. 食品法律法规与标准[M]. 北京:科学出版社,2010.
[9] 成晓霞,张国顺. 食品安全控制技术[M]. 北京:中国轻工业出版社,2009.
[10] 宫智勇,刘建学,黄和. 食品质量与安全管理[M]. 郑州:郑州大学出版社,2011.
[11] 杜波,李红枫. 写在《食品安全法》边上[M]. 沈阳:辽宁教育出版社,2010.
[12] 陈宗道,刘金福,陈绍军. 食品质量与安全管理[M]. 北京:中国农业出版社,2011.
[13] 孟曦,崔兴品,潘瑜. 大部制改革给食品生产企业带来的机遇和挑战[J]. 食品工业科技,2014,35(1):275-278.